U0640359

读懂社会，你才能融入社会；读懂爱情，你才能把握爱情；读懂成功，你才能收获成功；读懂人生，你才能成就人生。

在版编目（CIP）数据

女孩的哲理书 / 博文主编 . —— 北京：光明日报出版社，2012.6（2025.4 重印）

978-7-5112-2397-5

①写… Ⅱ.①博… Ⅲ.①女性－人生哲学－青年读物 ②女性－人生哲学－少

V.① B821-49

国家版本馆 CIP 数据核字 (2012) 第 076671 号

女孩的哲理书

NUHAI DE ZHELI SHU

编：博　文

辑：李　娟　　　　　　　　责任校对：映　熙

计：玥婷设计　　　　　　　责任印制：曹　净

行：光明日报出版社

址：北京市西城区永安路 106 号，100050

话：010-63169890（咨询），010-63131930（邮购）

真：010-63131930

址：http://book.gmw.cn

ail：gmrbcbs@gmw.cn

问：北京市兰台律师事务所龚柳方律师

]：三河市嵩川印刷有限公司

[：三河市嵩川印刷有限公司

有破损、缺页、装订错误，请与本社联系调换，电话：010-63131930

：170mm×240mm

：180 千字　　　　　　　　印　张：10

：2012 年 6 月第 1 版　　　印　次：2025 年 4 月第 3 次印刷

：ISBN 978-7-5112-2397-5-02

：35.00 元

版权所有　翻印必究

写给女孩

哲理

博 文 主编

写给

XIEGE

主

责任组

封面设

出版发

地

电

传

网

E－m

法律顾

印

装

本书

开

字

版

书

定

光明日报出版社

前　言

　　人生中最大的悲剧莫过于没有发现自己巨大的潜能而平庸度过一生，而女孩一生中最大的遗憾则莫过于没有去发现、发挥和利用自己的生存优势，没有抓住机遇、没有读懂人生，而最终与精彩的人生擦肩而过，错失甜蜜的爱情、美满的婚姻、和睦的家庭、成功的事业和幸福的生活。

　　成功与失败，卓越与平庸，并非只取决于努力与否。许多女孩并不是缺乏知识、能力和机会，而是不能正确认识人生中的一些重大问题。她们殊不知读懂社会，才能融入社会；读懂爱情，才能把握爱情；读懂成功，才能收获成功；读懂人生，才能成就人生。

　　一个简单的故事可以让人领悟意味深长的哲理，从而影响一个人的一生；一个深刻的哲理可以给人醍醐灌顶的瞬间彻悟，从而改变一个人的命运。一个人掌握知识、拥有学问并不困难，难得的是要学会正确地思考人生，掌握人生的哲理并走向人生的卓越。哲理是人生体验的升华，生活智慧的结晶，蕴含着成功的准则和幸福的真谛，可以帮助你认识生活的本质，有时甚至能带你摆脱困境，解决人生面临的难题。

　　一位智者曾经说过：愚笨的人熬过痛苦以后就忘却了经验，平庸的人以自己的痛苦换取经验，而聪明的人却能够把他人的经验拿来利用。沿着先行者的脚印前进，我们可以躲过很多陷阱，从而走得更快；领会众多智者贤人的雄才韬略，我们将处世游刃有余；站在巨人的肩上，我们将拥有更开阔的视野。人的一生中，了解和掌握一些哲理，可以拓宽精神境界，更深刻地认识社会和人生，在通往幸福的路上少走弯路。

　　《写给女孩的哲理书》是本专为女性朋友编写的人生哲理书，书中对人生具有重大意义、浓缩了生活智慧的人生哲理，将告诉你成功的规律，教

1

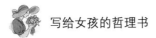

会你幸福的奥秘，帮你解决生活中的困惑，令你茅塞顿开，如饮醍醐。

一杯佳酿享受一时，一本好书受益一生。这本书带给你的不仅是一份思想的馈赠，也是一份精神的财富。在面临挑战、遭受挫折和感到无望时，书中的哲理会给你力量；在惶惑、痛苦和失落之际，书中的哲理会给你慰藉；在成功和春风得意时，书中的哲理将激励你继续进取。

目　录

1

第三章

好心态才有好状态

第四章

社会是女孩最好的学校

第五章

选择并非越多越好

第六章

幸运，需要换一种思维

第七章

同生活讲和

第八章

会花钱的女孩才会赚钱

第九章

女孩要嫁得好，更要过得好

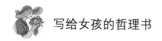

第十章
女孩就是要奋斗

走不出逆境，就
永远走不近成功

　　生活给我们酸苦，我们却可以为自己制造出甘甜。人生中会有痛苦，但同时也充满了奇迹。在未确知命运以前，请不要擅自添加眼泪。眼泪不等于命运，有希望才有积极的心。不要因困难挫折而一蹶不振，要善于从逆境中寻找光亮。只要心中有一颗希望的种子，就一定会创造出幸福的奇迹。

命运，从不相信眼泪

悲哀于命运的人往往是那些最善于落泪的人，泪水太多就会无益于把握命运。及时地收起眼泪吧，因为厄运、不幸并非生命的全部。

作为一位著作丰硕的作家与理论家，20多年来，金岱教授一直在思考与写作，即使在双目基本失明的情况下也没有中断过。二十几万字的小说《晕眩》就是他在经受病痛的折磨，视力十分微弱的情况下创作完成的。在创作长篇小说《精神隧道》三部曲中最后一部《心界》时，他已失去视力，然而，他没有哭泣、怨恨。用旁人无法想象的耐心和恒心学会了电脑盲打之后，他历经7年完成了整部小说。

他写过这样一段话："眼睛看不见，在黑暗中摸索写作，有许多的不方便；但我们一生中，总会遇到许多的困难，必须设法克服，一个人只要不自限，就没有什么困难可以限制他。"

生活中，我们似乎每天都在接受命运的安排，实际上，人们每天都在安排自己的命运。命运不是虚无的风，来无影去无踪；命运不是缥缈的云，那么高远，变幻莫测。命运是你可以操纵的风筝，因为牵引它的线绳就在你手中；命运是你可以驾驶的扁舟，因为它的双桨就在你的手里。

命运不是绝对的，在弱者的生活中，它是忧愁、苦涩的；而在强者的生活中，它却如同一杯烈酒，饮之虽辣，却酣畅淋漓。

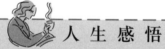

人 生 感 悟

在未确知命运以前，请不要擅自添加眼泪。眼泪不等于命运。

希望，造就积极心态

鲁迅曾经说过："希望是附着于存在的，有存在，便有希望，有希望，便是光明。"的确，人活着不能没有希望，否则会像失去控制的小船，随波浮沉。希望是热情之母，它孕育着荣誉，孕育着力量，孕育着生命，它使濒临死亡的人看到了生存，使屡遭挫折的人看到了成功，使身处绝境的人看到了力挽狂澜的可能。

曾热播一时的韩剧《大长今》是一个美好的励志故事。平民、青春、追梦、残酷竞争……从一个懵懂小宫女成长为厨艺非凡的最高尚宫、医术高超的正三品御医，一步步都走得异常辛苦。一次次御膳竞赛，她的对手或是经验丰富，或是厨艺天才，稍有闪失，就可能被逐出宫廷；一次次医术实验，她的病人是皇宫贵族，对手是老到高明的御医，动辄就是性命攸关。她每得到一分成就，付出的都是多出别人十分的努力。

或许是长今这种对梦想的坚持、不屈不挠，在任何困难面前都永怀希望、勇往向前的精神感动了我们。许多人都喜欢长今被流放到多栽轩时讲的一句话："不做事就没有精神，哪怕是种一棵草、一株花，也要怀着希望去做。"

英国史学家卡莱尔经过多年的艰辛耕耘，终于完成了《法国大革命史》的全部文稿，却在发表前意外地被佣人付之一炬。当初他每写完一章，便随手把原来的笔记、草稿撕得粉碎，这意味着他若想继续，一切就必须从零开始。他的确是绝望极了，但是向子孙后代讲述法国大革命史的希望渐渐驱散了绝望之云。他又重新搜集整理素材，开始了又一次呕心沥血的写作，第二次完成了《法国大革命史》。卡莱尔虽然厄运当头，却没有失去心中的希望。正是这个希望，使他走出阴影，振作精神，重新以极大的热情投入到写作中去。

古今中外，曾经有许多胸怀大志的人最终却一事无成，其中一个重要原因，就是在困难面前他们失去了希望。西班牙思想家松苏内吉曾说过："我唯一不能缺少的东西就是希望。"当拥有了希望，无论在怎样的黑暗之中也会看到光明，无论承受着怎样的痛苦也会感到快乐。在漫漫的人生道路上，拥有希望就像是无边大海中的灯塔，指引着我们前进。

人 生 感 悟

有希望，才有积极的心。

只要心中有一颗希望的种子，就一定会创造出幸福的奇迹。

想开了就是天堂，
想不开就是地狱

俞仲林是中国著名的国画画家，擅长画牡丹。

一天，某政要慕名买了一幅他亲手所绘的牡丹，回去以后，很高兴地将此画挂在客厅。

政要的一位朋友看到了，大呼不吉利，因为这朵花没有画完全，缺了一部分，而牡丹代表富贵，缺了一角，岂不是"富贵不全"吗？

政要一看也大为吃惊，认为牡丹缺了一边总是不妥，拿回去预备请俞仲林重画一幅。俞氏听了他的理由，灵机一动，告诉这个买主，牡丹代表富贵，所以缺了一边，不就是"富贵无边"吗？

政要听了俞氏的解释，高高兴兴地捧着画回去了。

可见，幸与不幸，许多时候只在于你的一念之间。

生于尘世，每个人都不可避免地要经历苦雨凄风，面对艰难困苦，保持一种什么样的心态，将直接决定你的人生轨迹。

有两个囚犯，从狱中眺望窗外，一个看到的是满目泥土，一个看到的是万点星光。面对同样的际遇，前者持一种悲观失望的灰色心态，看到的自然是满目苍凉、了无生气的景象；而后者持一种积极乐观的明快心态，看到的自然是星光万点、一片光明。

人的一生，就像一趟旅行，沿途中有数不尽的坎坷泥泞，但也有看不完的春花秋月。如果我们的一颗心总是被灰暗的风尘所覆盖，干涸了心泉、暗淡了目光、失去了生机、丧失了斗志，我们的人生轨迹岂能美好？而如果我们能保持一种健康向上的心态，即使我们身处逆境、四面楚歌，也一定会有"山重水复疑无路，柳暗花明又一村"的那一天。

悲观失望者一时的呻吟与哀叹虽然能得到短暂的同情与怜悯，但最终的结果必然是别人的鄙夷与厌烦；而乐观上进的人，经过长期的忍耐与奋斗，最终赢得的将不仅仅是鲜花与掌声，还有那饱含敬意的目光。

虽然，每个人的人生际遇不尽相同，但命运对每一个人都是公平的。因为窗外有土也有星，就看你能不能磨砺一颗坚强的心、一双智慧的眼，透过岁月的尘埃寻觅到辉煌灿烂的星星。先不要说生活怎样对待你，而是应该问一问，你怎样对待生活。

人 生 感 悟

事都由"好"与"坏"两个对立面构成。当它反射到我们心灵镜面上的时候，由于夹杂了许多我们的主观臆想，"好"与"坏"往往会有一些偏差或谬误。所以说事情的"好"与"坏"多数情况下取决于我们看待它的角度，背对阳光看到的只能是你自己的影子。

原谅生活，是为了更好地生活

人生在世，我们不必总跟自己过不去，也别跟生活过不去，我们没理由不滋润、不快活，关键是我们选择什么样的角度看生活与自己。我们有我们的悲哀，生活有生活的难处，应当学会原谅生活。

宋代大诗人苏轼说："人有悲欢离合，月有阴晴圆缺，此事古难全。"古人有古人的悲哀，可古人很看得开，他把人世间的悲欢离合比作月的阴晴圆缺，一切全出于自然，其中有永恒不变的真理，它像一只无形的手在那里翻云覆雨，演绎着多姿多彩的世界，今人也有今人的苦恼，因为"此事古难全"。

苦恼和悲哀常常引起人们对生活的抱怨，哀自己的命运，怨生活的不公。

其实生活仍然是生活，关键是你站在什么角度上看。人生是什么？从某种意义上说，难道不像一场赌局吗？用你的青春去赌事业，用你的痛苦去赌欢乐，用你的爱去赌别人的爱。要不诗人顾城怎么会说："如果你觉得活得没意思了，那就该死了。"

每逢沮丧失落时，我们对一切感到乏味，生活的天空阴云密布，看什么都不顺眼，像T恤衫上印着的："别理我，烦着呢！"生活中有很多时候我们心情不好。面对落榜，面对失恋，面对解释不清的误会，我们的确不易很快地超脱。但是人有逆反心理，只要你能想得开，忧郁就会被生气勃勃的憧憬所取代。烦些什么？你的敌人就是你自己，战胜不了自己，没法不失败；想不开、钻死胡同，全是自己所为。

人 生 感 悟

原谅生活有那么多阴差阳错，因为它要让你学会坚强、珍惜。生活在这个世界上，我们不得不怀着一颗宽大的心去原谅诸多人和事，原谅上天对人的不公，因为它总要去考验一些人、捉弄一些人……

一扇门关闭，总有一扇窗开启

放眼身边，许多人已习惯于喟叹、抱怨、诅咒命运。其实，上苍是极其公平的，他在向我们关闭一扇窗的同时，又会悄悄地开启另一扇窗。

1900多年前，在意大利的庞贝古城里，有一个叫莉迪雅的卖花女孩。她自小双目失明，但并不自怨自艾，也没有垂头丧气把自己关在家里，而是像正常人一样靠劳动自食其力。

不久，一场毁灭性的灾难降临到了庞贝城。没有任何预兆的维苏威火山突然爆发，数亿吨的火山灰和灼热的岩浆顷刻间把庞贝城给吞没了。

整座城市被笼罩在浓烟和尘埃中，漆黑如无星的午夜。惊慌失措的居民跌来碰去寻找出路，却无法找到。许多人来不及逃脱，被活活埋葬；有些人设法躲入地窖，但因熔岩和火山灰层的覆盖而窒息，也没有幸免，城中 2 万多居民大部分逃到了别处，但仍有 2000 多人遇难。

然而，由于盲女莉迪雅这些年走街串巷地卖花，她的不幸这时反而成了她的大幸。她靠着自己的触觉和听觉找到了生路，而且还救了许多人。残疾，成了她的财富。

生活中，我们往往看到的只是事物其中的一个侧面，这个侧面让人痛苦，但痛苦却可以转化。蚌因身体上嵌入砂粒，伤口的刺激使它不断产生分泌物来疗伤，到了伤口复合，旧伤处就出现一颗晶莹的珍珠。哪粒珍珠不是由痛苦孕育而成？任何不幸、失败与损失，都有可能成为我们有利的因素。

人 生 感 悟

生活给我们酸苦，我们却可以为自己制造出甘甜。人生中会有痛苦，但同时也充满了奇迹。坚信吧，痛苦可以转化，风雨之后还会闪耀出彩虹。

放下抱怨，生活才惬意

一个快乐的人谈到他的秘诀时说：

"我把下面一段话写在洗手间的镜面上，每天早上刮胡子的时候都念它一遍：我闷闷不乐，因为我少了一双鞋，直到我在街上见到有人缺了两条腿。"

一名飞行员在太平洋上独自漂流了 20 多天才回到陆地，有人问他，从那次历险中他得到的最大教训是什么。他毫不犹豫地说："那次经历给我的最大教训就是，只要还有饭吃，有水喝，你就不该再抱怨生活。"

人的一生总会遇到各种各样的不幸，但快乐的人却不会将这些装在心里，他们没有忧虑。所以，快乐是什么？快乐就是珍惜已拥有的一切，知足常乐。

而抱怨是什么？

像烟头烫破一个气球一样，让别人和自己泄气。

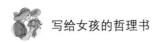

其实，抱怨属人之常情。难道不许别人说一说苦闷吗？然而，抱怨之不可取在于：你抱怨，等于你往自己的鞋子里倒水，使行路更难。困难是一回事，抱怨是另一回事。抱怨的人认为自己是强者，只是社会太不公平，如同全世界的人合伙破坏他的成功，这就可能把事情的因果关系弄颠倒了。

抱怨不同于坦然承认自己的失败。敢于承认失败的人，会赢得别人的尊重。明明是失败，却不承认失败，明明有伤，却把伤口装扮成花朵一般。人本来同情弱者，由于抱怨的人气急败坏，反而得不到别人的同情。抱怨的人在抱怨之后，心情非但没变轻松，反而变得更糟，怀里的"石头"不但没减少，反而增多了。常言说，放下就是快乐。这也包括放下抱怨，因为它是心里很重又无价值的东西。

人们之所以倾心于那些乐观的人，是倾心他们表现出的超然。生活需要的信心、勇气和信仰，乐观的人都具备。他们在自己获益的同时，又感染着别人。人们和乐观——包括豁达、坚韧、沉着的人交往，会觉得困难从来不是生活的障碍，而是勇气的陪衬。和乐观的人在一起，自己也就得到了乐观。

抱怨失去的不仅是勇气，还有朋友。谁都恐惧牢骚满腹的人，怕自己受到传染。失去了勇气和朋友，人生变得艰难，所以抱怨的人继续抱怨。他们不知道，人生有许多简单的方法可以拨乱反正，闭嘴是其中的真谛之一。

人 生 感 悟

许多人都抱怨过处境的艰难，发现无济于事之后便缄口了。抱怨相当于赤脚在石子路上行走，而乐观是一双结结实实的靴子。

每一种创伤，都是一种力量

落榜、失恋、失业……现实中，你是否四处碰壁、伤痕累累？你是否时常怨恨、畏惧、沉沦？

先来看看这些人曾经有过的遭遇吧！

彼得·丹尼尔小学时常遭老师菲利浦太太的责骂："彼得，你功课不好，脑袋不行，将来别想有什么出息！"彼得在 26 岁前仍大字不识几个，有次一位朋友念了一篇《思考才能致富》的文章给他听，给了他相当大的启示，使他走上了成功致富的道路。现在他买下了当初他常打架闹事的街道，并且出版了一本书：《菲利浦太太，你错了》。

《小妇人》的作者路易莎·梅·奥尔科特的家人曾希望她能找个佣人或裁缝之类的工作。

歌剧演员卡罗素美妙的歌声享誉全球。但当初他的父母希望他能当工程师；而他的老师则说他那副嗓子是不能唱歌的。

华特·迪士尼当年被报社主编以缺乏创意的理由开除，建立迪士尼乐园前也曾破产好几次。

爱迪生小时候反应奇慢无比，老师们都认为他没有学习能力。

亨利·福特在成功前曾多次失败，破产过 5 次。

丘吉尔小学六年级曾遭留级，而他的前半生也充满失败与挫折，直到 62 岁他当上英国首相后，才以"老人"的姿态开始一番作为。

迈克·福布斯，后来成为世界上最成功的商业发行刊物之一——《福布斯》杂志的总编辑，然而他在普林斯顿大学读书时，却与学校报刊的编辑成员无缘。

爱迪生试验了超过 2000 次以上才发明灯泡，有一位年轻记者问他失败了这么多次的感想，他说："我从未失败过一次。我发明了灯泡，而那整个发明过程刚好有 2000 多个步骤。"

由于多年以来持续地丧失听力，德国作曲家贝多芬在 46 岁时完全成为聋子。不过，他却在晚年谱写了他作品中最好的乐章，其中包括 5 首交响乐。

罗斯福，在 39 岁时瘫痪，然而，之后他却成为美国最受爱戴以及最具影响力的领袖之一。他曾经当选 4 次美国总统。

莎拉·玛兰，被许多人视为有史以来最伟大的女艺人之一，当她 70 岁时，因为一次意外受伤而截肢，但是她仍然继续表演了 8 年之久。

1952 年，艾德蒙·希拉里想要攀登世界最高峰——珠穆朗玛峰。在他失败后数周，他被邀请到英国一个团体演讲。希拉里走到讲台边，握拳指着山峰照片大声说："珠穆朗玛峰！你第一次打败我，但是我将在下一次打败你，因为你不可能再变高了，而我却仍在成长中！"仅仅 1 年以后的 5 月 29 日，艾德蒙·希拉里成为第一位成功地攀登珠穆朗玛峰的人。

著名作家海明威在《老人与海》里面有这样一句话："英雄可以被毁灭，但是不能被击败。"英雄的肉体可以被毁灭，但是精神和斗志不能被击败。受苦的人，因为要克服困难，所以不但不能悲观，而且要比别人更积极。

据说徒步穿过沙漠，唯一可能的办法是等待夜晚，以最快的速度走到有荫庇的下一站，中途不论多么疲劳，也不能倒下。否则到第二天烈日升起，只有死路一条。

在冰天雪地中历过险的人也都知道，凡是在中途说"我撑不下去了，让我躺下来喘口气"的同伴，必然很快就会死亡。因为当他不再走、不再动，他的体温会迅速降低，跟着就会被冻死。

在人生的战场上，我们不但要有跌倒之后再爬起来的毅力，拾起武器再战的勇气，而且从被击败的那一刻起，就要开始准备下一波的奋斗，甚至不允许自己倒下，不准许自己悲观。那么，我们才不会彻底地输，而只是暂时地"没有赢"。

人 生 感 悟

一个人要在任何情况下都勇敢地面对人生，无论遭遇到什么困难，依然能保持生活的勇气，保持不肯服输、从头再来的奋斗精神，做生活的强者。

麻烦不是我们的仇敌，而是朋友

一位成功人士曾向朋友讲述了他的经历："我 20 岁那年，任职的公司突然倒闭，我失业了。经理对我说：'你很幸运。'

"'幸运！'我叫道，'我浪费了两年的光阴，还有 1600 元的欠薪

没有拿到。'

　　"'是的，你很幸运。'他继续说，'凡在早年受挫的人都是很幸运的，可以学到鼓起勇气从头做起，学到不忧不惧的精神。运气一直很好，到了四五十岁忽然灾祸临头的人才真可怜，这样的人没有学过如何重新做起，这时候来学年纪已太大了。'

　　"我35岁时，一位商业顾问对我说：'不要因为事情麻烦而抱怨；你的收入多就是因为工作麻烦。一般人不需要负什么责任，没有什么麻烦，报酬也少。只有困难的工作，才有丰厚的报酬。'

　　"我40岁时，一位哲学家告诉我：'再过5年，你就会有重大的发现。就是：麻烦不是偶然出现的，而是经常存在的。麻烦就是人生。'

　　"今天，我50岁了，回想这3个人的教诲，真是至理名言。"

　　有知名作家说："人生中不幸的事如同一把刀，它可以为我们所用，也可以把我们割伤。那要看你握住的是刀刃还是刀柄。"

　　英国诗人弥尔顿，最杰出的诗作是在双目失明后完成的；德国的伟大音乐家贝多芬，最杰出的乐章是在他的听力丧失以后创作的；世界级小提琴家帕格尼尼是个用苦难的琴弦把天才演奏到极致的奇人。

　　他们有那样的成就，正是因为他们有一颗平常心，处于逆境而不屈服。科学家贝佛里奇说过："人们最出色的工作往往是处于逆境下做出来的。思想上的压力，甚至肉体上的痛苦，都可能成为精神上的兴奋剂。"其实，"残缺"并不可怕，可怕的是不能够正视现实。

　　不要感叹命运多舛不公。命运向来都是公正的，在这方面失去了，就会在那方面得到补偿。当你感到遗憾失去的同时，可能有另一种意想不到的收获。但是，前提是你必须有正视现实、改变现实的毅力与勇气。

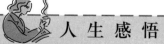

人 生 感 悟

　　热烈地拥抱麻烦吧，它其实是一种上天垂青的幸运。

只有善待失败，
方能避免再次失败

一个人的社会经历中有了一次较大的失败并不耻辱，只有学习过失败这门课程，人们的毅力才会更顽强，经验才会更丰富，处理事情才会更成熟。

所以，当我们面对失败时，不要抱怨，应该感谢；不要灰心丧气，应该更加努力。纵观历史长河，几乎所有成功者的背后都隐藏着数不清的失败。

1832 年，林肯失业了。这显然使他很伤心，但他下决心要当政治家，当州议员。糟糕的是，他竞选失败了。在一年里遭受两次打击，这对他来说无疑是痛苦的。

接着，林肯着手自己开办企业，可一年不到，这家企业又倒闭了。在以后的 17 年间，他不得不为偿还企业倒闭时所欠的债务而到处奔波，历尽磨难。

随后，林肯再一次决定参加竞选州议员，这次他成功了。他内心萌发了一丝希望，认为自己的生活有了转机："可能我可以成功了！"

1835 年，他订婚了。但离结婚还差几个月的时候，未婚妻不幸去世。这对他精神上的打击实在太大了，他心力交瘁，数月卧床不起。1836 年，他得了神经衰弱症。

1838 年，林肯觉得身体状况良好，于是决定竞选州议会议长，可他失败了。1843 年，他又参加竞选美国国会议员，但这次仍然没有成功。

林肯虽然一次次地尝试，但却是一次次地遭受失败：企业倒闭、情人去世、竞选败北。要是你碰到这一切，你会不会放弃——放弃这些对你来说是重要的事情？林肯没有放弃，他也没有说："要是失败会怎样？"1846 年，他又一次参加竞选国会议员，最后终于当选了。

两年任期很快过去了，他决定要争取连任。他认为自己作为国会议员表现是出色的，相信选民会继续选举他。但结果很遗憾，他落选了。

因为这次竞选他赔了一大笔钱，林肯申请当本州的土地官员。但州政府把他的申请退了回来，上面指出："作本州的土地官员要求有卓越的才能和超常的智力，你的申请未能满足这些要求。"

接连又是两次失败。在这种情况下你会坚持继续努力吗？你会不会说"我失败了"？

然而，林肯没有服输。1854 年，他竞选参议员，但失败了；两年后他竞选美国副总统提名，结果被对手击败；又过了两年，他再一次竞选参议员，还是失败了。

林肯尝试了 11 次，可只成功了两次，他一直没放弃自己的追求，他一直在做自己生活的主宰。1860 年，他当选为美国总统。

自古以来，没有一个人从开始就祈祷自己失败。可是失败总是在每个人的前进路上，扮演着生命中必要的角色。

善待失败，也是我们前行途中必经的驿站。

要从失败中进行冷静、公正的回顾，找出失败真正的缘由。说服自己，找回信心并以此来增强信心。

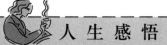
人 生 感 悟

其实，善待失败就是对失败的最大轻蔑。从某种意义上讲，失败本身并不可怕，可怕的是大多数人对失败的态度。

厄运是一种祝福，
也是成功的绝佳契机

法国伟大的批判现实主义作家巴尔扎克，一生创作了 96 部长、中、短篇小说和随笔，他的作品传遍了全世界，对世界文学的发展和人类进步产生了巨大的影响。他曾被马克思、恩格斯称赞为"是超群的小说家"、"现实主义大师"。

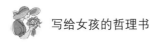

在成名之前，巴尔扎克曾经过过一段困顿和狼狈的日子，很少有人能够想象得出，那种窘迫与艰辛曾经怎么折磨过他。

巴尔扎克的父亲一心希望儿子可以当律师，将来在法律界有所作为。但巴尔扎克根本不听父亲的忠告，学完4年的法律课程后，他偏偏想当作家，为此父子关系相当紧张。父亲盛怒之下，断绝了巴尔扎克的经济来源。而此时，巴尔扎克投给报社、杂志社的各种稿件被源源不断地退回来。他陷入了困境，开始负债累累。

然而，他丝毫没有向父亲屈服的意思。有时候，他甚至只能就着一杯白开水吃点干面包。但他依然那么乐观，对文学的热爱使他觉得没有什么困难可以阻挡自己向缪斯女神膜拜的脚步。他想出一个对抗饥饿与困窘的办法，每天用餐，他随手在桌子上画上一只只盘子，上面写上"香肠"、"火腿"、"奶酪"、"牛排"等字样，在想象的欢乐中，他开始"狼吞虎咽"。

为了激励自己，穷困潦倒的巴尔扎克还花费700法郎买了一根镶着玛瑙石的粗大的手杖，并在手杖上刻了一行字："我将粉碎一切障碍。"正是手杖上这句话支持着他。他夜以继日，不断地向创作高峰攀登。最终，他获得了巨大的成功。

厄运，对于世上的"巴尔扎克"们来说，非但不是恐惧和烦恼，反而成为一种祝福和契机。

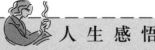 人 生 感 悟

不因厄运而一蹶不振，善于从逆境中找到光亮，成功、幸福之殿将刻有你的名字。

背负越少，走得越远

生命这场奇妙的人生之旅，我们大可不必步履匆匆，完全可以放慢脚步，否则错过沿途的风景太可惜——它不会给你第二次回首的机会。难得糊涂是一种生活智慧与生存哲学。洒脱大方的人会给他人带来欢笑，同时也给自己赢得愉悦的感受。人生要学会舍得，没有舍就没有得，所以要学会放下，这是生活的另一种选择。

太能算计者，快乐与他绝缘

美国心理专家威廉根据多年的实践，列出了 500 道测试题，测试一个人是否是一个"太能算计者"。这些测试题很有意思。比如，是否同意把 1 分钱再分成几份花？是否认为银行应当和你分利才算公平？是否梦想别人的钱变成你的？出门在外是否常想搭个不花钱的顺路车？是否经常后悔你买来的东西根本不值？是否常常觉得你在生活中总是处在上当受骗的位置？是否因为给别人花了钱而变得闷闷不乐？买东西的时候，是否为了节省 1 元钱而付出了极大的代价，甚至你自己都认为，跑的冤枉路太长了？……

只要你如实地回答这些问题，就能测出你是否是一个"太能算计者"。

威廉认为，凡是对金钱利益太过于算计的人，都是活得相当辛苦的人，又总是感到不快的人。在这些方面，他有许多宝贵的总结。

第一，一个太能算计的人，通常也是一个事事计较的人。无论他表面上多么大方，他的内心深处都不会坦然。算计本身首先已经使人失掉了平静，掉在一事一物的纠缠里。而一个经常失去平静的人，一般都会引起较严重的焦虑症。一个常处在焦虑状态中的人，不但谈不上快乐，甚至是痛苦的。

第二，爱算计的人在生活中，很难得到平衡和满足，反而会由于过多的算计引起对人对事的不满和愤恨，常与别人闹意见，分歧不断，内心充满了冲突。

第三，爱算计的人，心胸常被堵塞，每天只能生活在具体的事物中不能自拔，习惯看眼前而不顾长远。更严重的是，世上千千万万事，爱算计者并不是只对某一件事情算计，而是对所有事都习惯于算计。太多的算计埋在心里，如此积累便是忧患。忧患中的人怎么会有好日子过？

第四，太能算计的人，也是太想得到的人。而太想得到的人，很难轻松地生活。

第五，太能算计的人，必然是一个经常注重阴暗面的人。他总在发现问题，发现错误，处处担心，事事设防，内心总是灰色的。

人 生 感 悟

难得糊涂是一种生活智慧与生存哲学。洒脱大方的人会给他人带来欢笑，同时也给自己赢得愉悦的感受。

放慢脚步，
才能欣赏到沿途的风景

一位年轻的总裁，以较快的车速，开着他的新车经过住宅区的巷道。他必须小心游戏中的孩子突然跑到路中央，所以当他觉得小孩子快跑出来时，就要减慢车速，就在他的车经过一群小朋友的时候，他的车门被一个小朋友丢的一块砖头打到了，他很生气地踩了刹车并后退到砖头丢出来的地方。

他走出车外，抓住那个小孩，把他顶在车门一旁说："你知道你刚刚做了什么吗？"接着又吼道，"你知不知道你要赔多少钱来修理这辆新车？你到底为什么要这样做？"

小孩哀求着说："先生，对不起，我不知道我还能怎么办，我丢砖块是因为没有人停下来。"小孩一边说一边流着眼泪。

他接着说："我哥哥从轮椅上掉下来，我没办法把他抬回去。"那男孩啜泣着说，"您可以帮我把他抬回去吗？他受伤了，而且他太重了我抱不动。"

这位年轻的总裁听到这些话后深受感动，他决定帮这个小男孩的哥哥一把，于是他抱起男孩受伤的哥哥，帮他坐回轮椅上，并拿出手帕擦拭他哥哥的伤口。

那个小男孩感激地说："谢谢您，先生，上帝保佑您。"然后男孩推着他哥哥离开了。年轻的总裁慢慢地、慢慢地走回车上，他决定不修它了。他要让那个凹洞时时提醒自己：不要等周围的人丢砖块过来了，自己才注意到生命的脚步已走得太快。

> 生命这场奇妙的人生之旅，我们大可不必步履匆匆，完全可以放慢脚步，否则错过沿途的风景太可惜——它不会给你第二次回首的机会。

走一段，歇一段，
会跑得更快

有一位讲师正在给学生们上课，大家都认真地听着。寂静的教室传出一个浑厚的声音："各位认为这杯水有多重？"说着，讲师拿起一杯水。有人说200克，也有人说300克。

"是的，它只有200克，那么，你们可以将这杯水端在手中多久？"讲师又问。

很多人都笑了：200克而已，拿多久又会怎么样！

讲师没有笑，他接着说："拿1分钟，各位一定觉得没问题；拿1小时，可能觉得手酸；拿1天呢？1个星期呢？那可能得叫救护车了。"大家又笑了，不过这回是赞同的笑。

讲师继续说道："在准确无误的同样重量下，随着我拿着它的时间延长，重量也发生变化。其实这杯水的重量很轻，但是你拿得越久，就觉得越沉重。这如同把压力放在身上，不管压力是否很重，时间长了就会觉得越来越沉重而无法承担，我们必须做的是放下这杯水，休息一会儿后再拿起，只有这样我们才能拿得更久。所以，我们所承担的压力，也应该在适当的时候放下，好好地休息一下，然后再重新拿起来，如此才可承担更久。"

说完，教室里一片掌声。

压力谁都会有，谁都能感受到压力的存在。我们该如何面对压力呢？这个问题很难回答，也许最好的办法是别给自己太大的压力。

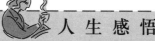

人 生 感 悟

在人生的大风浪中，我们应常学学船长的样子，在狂风暴雨之下把笨重的货物扔掉，以减轻船的重量。

过分紧张会影响发挥，
做事情不能患得患失

美国著名的高空走钢索表演者瓦伦达在一次重大的表演中，不幸失足身亡。他的妻子在事后说："我知道这一次一定会出事，因为他上场前总是不停地说：'这次太重要了，不能失败，绝不能失败'；而以前每次成功表演，他只想着走钢索这件事本身，而不去管这件事可能带来的一切后果。"后来，人们就把专心致志于事情本身而不去管这件事的意义，没有患得患失的心态，叫作"瓦伦达心态"。

格罗根指出："无论做什么事情，开始时，最为重要的是不要让那些爱唱反调的人破坏了你的理想。"美国斯坦福大学的一项研究也表明，人脑里的某一图像会像实际情况那样刺激人的神经系统。比如，当一个高尔夫球手击球时一再告诉自己不要把球打进水里时，他的大脑里往往就会出现掉进水里的情景，而结果往往是球真的掉进水里。这项研究从另一个方面证实了"瓦伦达心态"。

人 生 感 悟

"先投入战斗，然后再见分晓。"拿破仑如是说。只有行动起来，才能让我们忘却焦虑、紧张。

放弃不是简单的丢弃，而是舍掉不必要的包袱

老师带着他的学生打开了一个神秘的仓库。这仓库里装满了放射着奇光异彩的宝贝，没人知道存放者是谁。仔细看，每个宝贝上都刻着清晰可辨的字纹，分别是：骄傲，正直，快乐，爱情……

这些宝贝都是那么漂亮，那么迷人，学生见一件爱一件，抓起来就往口袋里装。

可是，在回家的路上他才发现，装满宝贝的口袋是那么的沉。没走多远，他便气喘吁吁，两腿发软，脚步再也无法挪动。

老师说："孩子，我看还是丢掉一些宝贝吧，后面的路还长着呢！"

学生恋恋不舍地在口袋里翻来翻去，不得不咬咬牙丢掉两件宝贝。但是，宝贝还是太多，口袋还是太沉，年轻人不得不一次又一次地停下来，一次又一次地咬着牙丢掉一两件宝贝。"痛苦"丢掉了，"骄傲"丢掉了，"烦恼"丢掉了……口袋的重量虽然减轻了不少，但年轻人还是感到它很沉很沉，双腿依然像灌了铅一样的重。

"孩子，"老师又一次劝道，"你再翻一翻口袋，看还可以丢掉些什么。"

学生终于把沉重的"名"和"利"也翻出来丢掉了，口袋里只剩下"谦虚"、"正直"、"快乐"、"爱情"……一下子，他感到说不出的轻松和快乐。

但是，当他们走到离家只有 100 米的地方时，年轻人又一次感到了疲惫，前所未有的疲惫，他真的再也走不动了。

"孩子，你看还有什么可以丢掉的，现在离家只有 100 米了。回到家，等恢复体力还可以回来取。"

学生想了想，拿出"爱情"看了又看，恋恋不舍地放在了路边。

他终于走回了家。

可是他并没有想象中的那样高兴，他在想着那个让他恋恋不舍的"爱

情"。老师对他说："爱情虽然可以给你带来幸福和快乐，但是，它有时也会成为你的负担。等你恢复了体力还可以把它取回，对吗？"

第二天，他恢复了体力，按着来时路拿回了"爱情"。他真是高兴极了，他欢呼，他雀跃，他感到了无比的幸福和快乐。这时，老师走过来触摸着他的头，舒了一口气："啊，我的孩子，你终于学会了放弃！"

人 生 感 悟

人生要学会舍得，没有舍就没有得，所以你要学着放下，这是生活的另一种选择。

豁达的人能享受
更多生命的快乐

人生变幻多端，遇宠不骄，逢灾不惊，这就是豁达。

南非的民族斗士曼德拉因为领导反对白人种族隔离的政策，曾被白人统治者关在荒凉的大西洋小岛罗本岛上 27 年。当时曼德拉年事已高，但白人统治者依然像对待年轻犯人一样对他进行残酷的虐待。

小岛上布满岩石，到处是海豹、蛇和其他动物。曼德拉被关在一个"锌皮房"，白天打石头，将采石场的大石块碎成石料。他有时要下到冰冷的海水里捞海带，有时在一个很大的石灰石场里，用尖镐和铁锹挖石灰石。因为曼德拉是要犯，看管他的看守就有 3 人。他们对他并不友好，总是寻找各种理由虐待他。

然而，1991 年曼德拉出狱当选总统以后，他在就职典礼上的一个举动震惊了中外。

在依次介绍了来自世界各国的政要后，曼德拉说，能接待这么多尊贵的客人，他深感荣幸，但他最高兴的是，当初在罗本岛监狱看守他的 3 名狱

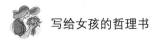
警也能到场。随即他邀请他们起身，并把他们介绍给大家。

曼德拉的豁达、宽容，令那些虐待了他 27 年的白人汗颜，也让所有到场的人肃然起敬。

看着年迈的曼德拉缓缓站起，恭敬地向 3 个曾关押他的看守致敬，在场的所有来宾乃至整个世界，都静下来了。

后来，曼德拉告诉朋友，自己年轻时性子很急，脾气暴躁，正是狱中生活使他学会了控制情绪，因此才活了下来。牢狱岁月给了他时间与激励，也使他学会了如何处理自己遭遇的痛苦。他说，感恩与宽容常常源自痛苦与磨难，必须通过极强的毅力来训练。

曼德拉说获释当天，心情极为平静：

"当我迈过通往自由的监狱大门时，我已经清楚，自己若不能把悲痛与怨恨留在身后，那么我其实仍在狱中。"

生活中，豁达如曼德拉者，常遇事泰然，面对困厄无惧色，昂首品味生活酸涩，尔后笑看"云开日出"。唯有他们，方可享受更多生命的快乐。

人 生 感 悟

心胸豁达，足能涵万物；心胸狭隘，无能容一沙。

不要只艳羡别人，
上帝给谁的都不会太多

在现在这样一个社会里，人与人之间的差距越来越大，我们常禁不住羡慕别人光鲜华丽的外表，而对自己的欠缺耿耿于怀。其实大可不必这样，没有一个人的生命是完整无缺的，每个人或多或少都少了一些东西。

在一条河的两岸，一边住着凡夫俗子，一边住着僧人。凡夫俗子们看到僧人们每天无忧无虑，只是诵经撞钟，十分羡慕他们；僧人们看到凡夫俗子每天日出而作，日落而息，也十分向往那样的生活。日子久了，他们都各自在心中渴望着：到对岸去。

一天，凡夫俗子们和僧人们达成了协议。于是，凡夫俗子们过起了僧人的生活，僧人们过上了凡夫俗子的日子。

几个月过去了，成了僧人的凡夫俗子们就发现，原来僧人的日子并不好过，悠闲自在的日子只会让他们感到无所适从，便又怀念起以前当凡夫俗子的生活来。

成了凡夫俗子的僧人们也体会到，他们根本无法忍受世间的种种烦恼、辛劳、困惑，于是也想起做和尚的种种好处。

又过了一段日子，他们各自心中又开始渴望着：到对岸去。

可见，你眼中他人的快乐，并非真实生活的全部。

生活中，有人夫妻恩爱、月收入数万，却有严重的不孕症；有人才貌双全、能干多财，情路上却是坎坷难行；有人家财万贯，但却身有残疾；有人看似好命，却是一辈子脑袋空空。

每个生命都有欠缺，不必与他人做无谓的比较，珍惜自己所拥有的一切就好。

这个社会上，达官显贵的生活实在令人艳羡，但深究其里，每个人都有一本很难念的经，甚至苦不堪言。

所以，不要再去羡慕别人如何如何，好好数算上天给你的恩典，你会发现你所拥有的绝对比没有的要多出许多，而缺失的那一部分，虽不可爱，却也是你生命的一部分，接受且善待它，你的人生会快乐豁达许多。爱你的生命，它就会焕发出更明亮的光彩。

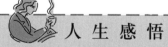

人 生 感 悟

永远不要眼红那些看上去幸福的人，你不知道他们背地里的悲伤。与其艳羡他人，不如珍惜你自己。

太多的欲望是人生的锁链

欲望与生俱来，人人都有。世人不心安，只因放纵的欲望。明末清初有一本书叫《解人颐》，对欲望做了入木三分的描述："终日奔波只为饥，方才一饱又思衣。衣食两般皆俱足，又想娇容美貌妻。娶得美妻生下子，恨无田地少根基。买到田园多广阔，出入无船少马骑。槽头扣了骡和马，叹无官职被人欺。当了县令嫌官小，又要朝中挂紫衣。若要世人心满足，除是南柯一梦西。"可见人心不足蛇吞象，不是一句空言。做人如果不能控制自己的欲望，就会成为欲望的奴隶，最终丧失自我，被欲望所役。

我们应该明白：即使拥有整个世界，我们一天也只能吃三餐，这是人生思悟后的一种清醒，谁真正懂得它的含义，谁就能活得轻松，过得自在，白天知足常乐，夜里睡得安宁，走路感觉踏实，蓦然回首时没有遗憾！

物欲太盛造成的灵魂变态，就是永不知足，没有家产想家产，有了家产想当官，当了小官想大官，当了大官想成仙……精神上永无宁静，永无快乐。

物质上永不知足是一种病态，其病因多是权力、地位、金钱之类引发的。这种病态如果发展下去，就是贪得无厌，其结局是自我爆炸、自我毁灭。

托尔斯泰说："欲望越小，人生就越幸福。"这话，蕴含着深邃的人生哲理。这是针对欲望越大，人越贪婪，人生越易致祸而言的。古往今来，被难填的欲壑所葬送的贪婪者，多得不可计数。

要锁住欲望，就要求我们必须不断加强自身修养，时刻保持一颗平常心。锁住欲望，就是锁住了贪婪；锁住欲望，就是夯实了堤防。做人要想真正做到俯仰无愧，堂堂正正，就必须扶正去邪、扬公抑私。

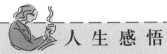

人生感悟

解开欲望沉重的锁链，人生才能轻松、惬意。

好心态才有好状态

　　心就是一个人的翅膀，心有多大，世界就有多大。如果不能打碎心中的四壁，即使给你一片大海，你也找不到自由的感觉。对于不幸，与其一味地怨憎、萎靡不振，不如以宽容之心，化解痛苦。情爱、友谊或快乐的时光，都不是一纸契约所能规定的。幸福并不是靠别人来布施的，而是要自己去赢取别人对你的需求和喜爱。

心态决定你的人生，
不要试图和自己过不去

有两个都有着亚洲血统的孤儿，后来都被来自欧洲的外交官家庭所收养。两个人都上过世界各地有名的学校。但他们两个人之间存在着不小的差别: 其中一位是40岁出头的成功商人，他实际上已经可以退休享受人生了；而另一个是学校教师，收入低，并且一直觉得自己很失败。

有一天，他们在一起吃晚饭。晚餐在烛光映照中开场了，不久话题进入了在国外的生活。因为在座的几个人都有过周游列国的经历，所以他们开始谈论在异国他乡的趣闻轶事。随着话题的一步步展开，那位学校教师开始越来越多地讲述自己的不幸：她是一个如何可怜的亚细亚孤儿，又如何被欧洲来的父母领养到遥远的瑞士，她觉得自己是如何的孤独。

开始的时候，大家都表现出同情。随着她的怨气越来越重，那位商人变得越来越不耐烦，终于忍不住在她面前把手一挥，制止了她的叙述："够了！你说完了没有？！你一直在讲自己有多么不幸。你有没有想过如果你的养父母当初在成百上千个孤儿中挑了别人又会怎样？"

学校教师直视着商人说："你不知道，我不开心的根源在于……"然后接着描述她所遭遇的不公正待遇。

最终，商人朋友说："我不敢相信你还在这么想！我记得自己25岁的时候无法忍受周围的世界，我恨周围的每一件事，我恨周围的每一个人，好像所有的人都在和我作对似的。我很伤心无奈，也很沮丧。我那时的想法和你现在的想法一样，我们都有足够的理由报怨。"他越说越激动："我劝你不要再这样对待自己了！想一想你有多幸运，你不必像真正的孤儿那样度过悲惨的一生，实际上你接受了非常好的教育。你负有帮助别人脱离贫困旋涡的责任，而不是找一堆自怨自艾的借口把自己围起来。在我摆脱了顾影自怜，同时意识到自己究竟有多幸运之后，我才获得了现在的成功！"

那位教师深受震动。这是第一次有人否定她的想法，打断了她的凄苦回忆，而这一切回忆曾是多么容易引起他人的同情。

商人朋友很清楚地说明他二人在同样的环境下历经挣扎，而不同的是他通过清醒的自我选择，让自己看到了有利的方面，而不是不利的阴影，"凡墙都是门"，即使你面前的墙将你封堵得密不透风，你也依然可以把它视做你的一种出路。

人 生 感 悟

人，就是一条河，河里的水流到哪里都还是水，这是无异议的。但是，河有狭、有宽、有平静、有清澈、有冰冷、有混浊、有温暖等现象，而人也一样。

宽容，让痛苦变为伟大

面对不可预知的痛苦，是永远诅咒、憎恨，还是包容、谅解？

几年前，来自美洲的格林夫妇，带着两个儿子到意大利旅游。不料，他们在旅行途中遭到劫匪袭击。这一切就像一场无法醒过来的噩梦，7 岁的长子尼古拉死于劫匪的枪下。就在医生证实尼古拉的大脑确实已经死亡的 10 个小时内，孩子的父亲格林立即做出了决定，同意将儿子的器官捐出。4 小时后，尼古拉的心脏移植给了一个患先天性心肌畸形的 14 岁孩子；一对肾脏分别使两个患先天性肾功能不全的孩子有了活下去的希望；一个 19 岁的濒危少女，获得了尼古拉的肝脏；尼古拉的眼角膜使两个意大利人重见光明；就连尼古拉的胰腺，也被提取出来，用于治疗糖尿病……尼古拉的脏器分别移植给了亟须救治的 6 个意大利人。

当记者们追问格林夫妇为什么这样做时，格林回答："我不恨这个国家，不恨意大利人。我只是希望凶手知道他们做了些什么。"孩子的父亲说这话时，嘴角的一丝微笑掩不住内心的悲痛。而他的妻子玛格丽特的庄重、坚定、安详的面容，和他们4岁幼子脸上小大人般的表情，尤令意大利人的灵魂震撼——他们失去了自己的亲人，但事件发生后他们所表现出来的自尊与慷慨大度，令全体意大利人深感羞愧。

以宽容之心去包容痛苦的遭遇，不幸、怨恨将会远离我们。

人 生 感 悟

对于不幸，与其一味地怨憎、萎靡不振，不如以宽容之心化解痛苦。

嫉妒要尽早搬移，
它是幸福的绊脚石

大哲学家亚里士多德曾在雅典吕克昂学院从事教学、研究，著述期间，常与学生们一道探讨人生的真谛。有一次，一位学生问他："先生，请告诉我，为什么心怀嫉妒的人总是心情沮丧呢？"亚里士多德回答："因为折磨他的不仅有他自身的挫折，还有别人的成功。"可见，心怀嫉妒的人受着双重折磨。所以，人生在世，一定要有一颗平和的心，切不可心怀嫉妒。

当代学者、作家余秋雨在《关于嫉妒》中写道：

很多年前读雨果夫人关于法国大革命前后巴黎社会心理的回忆，感触很深，那也是一个破旧立新、两未靠岸的奇异时期，什么怪事都会发生。仅仅为了雨果那部并不太重要的戏剧作品《欧那尼》，法国文坛一切不愿意看到民众向雨果欢呼、更不愿意自己在新兴文学前失去身份的人们全都联合起来了，好几家报刊每期都在嘲讽雨果欠缺学问、违反常识、背离古典、刻意媚俗，在嘲讽的同时又散布大量谣言，编造种种事端。有的评论家预测了作品的惨败，有的权威则发誓绝不去观看演出。待到首演那天，这些人抵挡不住心痒还是去了，坐在观众席里假装只想看报纸不想看舞台，但又不时地发出笑声、嘘声来捣乱，也算是与雨果打擂台。

对嫉妒来说，人们对它的无视，比人们对它的争辩更加致命。尽管当时也有一些人为了对雨果的评价发生了决斗，但对嫉妒者最残酷的景象是：广大民众似乎完全没有把他们的诽谤放在眼里，《欧那尼》长久火暴，直到因女主角累病而停演。

更有趣的是，8年后，《欧那尼》复演，全场已是一片神圣的安静。散场后雨果夫人在人群中听到一段对话，首先开口的那一位显然是8年前的嫉妒者，他说："这不奇怪，雨果先生把他的剧本全改了。"

他身边的一位先生告诉他："不，剧本一字未改。被雨果先生改了的，不是剧本，是观众。"

这就是说，当年激烈的嫉妒者在不知不觉中被雨果同化了。

俗话说："己欲立而立人，己欲达而达人。"别人有所成就，我们不要心存嫉妒，应该要平静地看待别人所取得的成功，这是拥有幸福人生的秘诀。否则，只会让自己在别人成功的喜悦中沮丧、气愤，而最终丢失掉一些宝贵的东西。

人 生 感 悟

莎士比亚在《奥赛罗》中说："嫉妒是绿眼妖魔，谁做了它的俘虏，谁就要受到它的愚弄。"生活中，要学会适时降伏嫉妒魔，保持一颗清凉心。

拆掉虚荣吧，
它是遮蔽幸福的围墙

古往今来，生活中人们重复上演着同一个故事。男人自夸是强者，女人自夸柔能克刚；富人自夸他的财富，穷人自夸他的清高；执法者自夸权威，罪犯自夸无畏……虚荣的圈子是整个儿的，无怪敏感的诗人要说："虚荣，

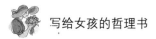

虚荣，世界上一切都是虚荣！"

虚荣的方式分很多种，正和海沙一样无限，为了他们的人种、身体，乃至眼色、鼻头，他们都自夸着。土耳其的女人，她们以肥胖为荣；而美国的女人，却以瘦长为美。不论以何种方式表现，归根结底，都是虚荣罢了。

俄国沙皇时代的贵族，他们的虚荣是坚不可摧的，他们追溯远代的祖先，以及历史上无稽的英雄，用以威压善良的平民，这样，他们自以为他们高贵的地位总不至于动摇了。"骄者必败"，这些得意的贵人到了现在，只好在君士坦丁堡污秽的酒店里洗菜碗！

虚荣是一种特性，是取攻势不是取守势的，所以虚荣的人，就如同拿利刃刺进他自己的低劣感情，而且还要把他的刀头掉转头去，去刺别的人。因此凡是虚荣的人，他们周围便容易树起仇敌，他自己在生活上无法享受到互相帮助的快乐。

对于许多虚荣者而言，现实总会有人知道，你的话只能哄骗别人，你害怕被别人揭穿，你害怕别人会因为你的无能而鄙视你，你希望别人赞叹你的富有。其实那些东西骗不了别人，也许朋友早就知道你的底细，只是没人愿意和你较真。

你反差如此之大，你的心灵不可避免地会痛苦焦虑，时时担心什么时候谎言就被揭穿了，那样的心态就太糟糕了。虚荣的你是没有幸福可言的，连最起码的心安都没有。虚荣会让你丧失理智，盲目追求那些本不属于你的东西，你会为此吃尽苦头。虚荣就像慢性病，它不会一下置你于死地，但会慢慢折磨你，让你痛不欲生。

所以，为了心灵的轻松、惬意，及时地拆掉虚荣的围墙吧！

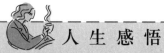 人 生 感 悟

虚荣的人为智者所轻蔑，愚者所叹服，阿谀者所崇拜，而为自己的虚荣所奴役。

自卑是心灵的钉子

自卑是人生最大的跨栏，每个人都必须成功跨越才能到达人生的巅峰。

自卑的人，情绪低沉，郁郁寡欢，常因害怕别人看不起自己而不愿与人来往，只想与人疏远，缺少朋友，顾影自怜，甚至自疚、自责、自罪；自卑的人，缺乏自信，优柔寡断，毫无竞争意识，抓不住稍纵即逝的各种机会，享受不到成功的乐趣；自卑的人，常感疲劳，心灰意懒，注意力不集中，工作没有效率，缺少生活情趣。

如果一个人总是沉迷在自卑的阴影中，那无异于给自己套上了无形的枷锁。但是如果能够认清了自己，懂得换个角度看待周围的世界和自己的困境，那么许多问题就会迎刃而解了。

一位父亲带着儿子去参观梵高故居，在看过那张小木床及裂了口的皮鞋之后，儿子问父亲："梵高不是位百万富翁吗？"父亲答："梵高是位连妻子都没娶上的穷人。"

第二年，这位父亲带儿子去丹麦，在安徒生的故居前，儿子又困惑地问："爸爸，安徒生不是生活在皇宫里吗？"父亲答："安徒生是位鞋匠的儿子，他就生活在这栋阁楼里。"

这位父亲是一个水手，他每年往来于大西洋各个港口；这位儿子叫伊东布拉格，是美国历史上第一位获普利策奖的黑人记者。20年后，在回忆童年时，他说："那时我们家很穷，父母都靠卖苦力为生。有很长一段时间，我一直认为像我们这样地位卑微的黑人是不可能有什么出息的。好在父亲让我认识了梵高和安徒生，这两个人告诉我，上帝没有轻看卑微。"

富有者并不一定伟大；贫穷者也并不一定卑微。上帝是公平的，他把机会放到了每个人面前。自卑的人也有相同的机会。

自卑常常在不经意间闯进我们的内心世界，控制着我们的生活，在我们有所决定、有所取舍的时候，向我们勒索着勇气与胆略；当我们碰到困难的时候，自卑会站在我们的背后大声地吓唬我们；当我们要大踏步向前迈进的时候，自卑会拉住我们的衣袖，叫我们小心地雷。一次偶然的挫败就会令你垂头丧气，一蹶不振，将自己的一切否定，你会觉得自己一无是处，窝囊至极，你会掉进自责自罪的旋涡。

自卑就像蛀虫一样啃噬着你的人格，它是你走向成功的绊脚石，它是快乐生活的拦路虎。

一个人如果自卑，他不仅不敢有远大的目标，同时他将永远不会出类拔萃；一个民族和国家，如果自卑，只能当别国的殖民地，站不起来，也不敢站起来，只能跟在别国后边当附庸。

自卑是一种压抑，一种自我内心潜能的人为压抑，更是一种恐惧，一种损害自尊和荣誉的恐惧。所以生活中，我们只有比别人更相信并且珍爱自己，我们才能发挥自己最大的潜力，创造出属于自己的天地。当我们遭到冷遇时，当我们受到侮辱时，一定要自尊自爱，把羞辱作为奋发的动力，激励自己去战胜一个个难关。

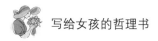

人 生 感 悟

自卑是麻痹药，自卑是落后丹，自卑是自杀的剧毒品！
驱赶自卑的良药是接受自信心训练，建立自信。

别抓住自己的劣势不放

世上大部分不能走出生存困境的人都是因为对自己信心不足，他们就像一颗脆弱的小草一样，毫无信心去经历风雨，这就是一种可怕的自卑心理。所谓自卑，就是轻视自己，自己看不起自己。自卑心理严重的人，并不一定是其本身具有某些缺陷或短处，而是不能悦纳自己，自惭形秽，常把自己放在一个低人一等，不被自我喜欢，进而演绎成别人也看不起自己的位置，并由此陷入不能自拔的痛苦境地，心灵笼罩着永不消散的愁云。

王璇就是这样的一个人。本来她是一个活泼开朗的女孩，现在竟然被自卑折磨得一塌糊涂。

王璇在一家大型的日本企业上班，毕业于某著名语言大学。大学期间的王璇是一个十分自信、从容的女孩。她的学习成绩在班级里名列前茅，是男孩们追逐的焦点。然而，最近，王璇的大学同学惊讶地发现，王璇变了，原先活泼可爱、整天嘻嘻哈哈的她，像换了一个人似的，不但变得羞羞答答，甚至其行为也变得畏首畏尾，而且说起话来、干起事来都显得特别不自信，和大学时判若两人。每天上班前，她会为了穿衣打扮花上整整两个小时的时间。为此她不惜早起，少睡两个小时。她之所以这么做，是怕自己打扮不好，遭到同事或上司的取笑。在工作中，她更是战战兢兢、小心翼翼，甚至到了谨小慎微的地步。

原来到日本公司后，王璇发现日本人的服饰及举止显得十分高贵及严肃，让她觉得自己土气十足，上不了台面。于是她对自己的服装及饰物产生了深深的厌恶。第二天，她就跑到服饰精品商场去了。可是，由于还没有发工资，她买不起那些名牌服装，只能悻悻地回来了。

在公司的第一个月，王璇是低着头度过的。她不敢抬头看别人穿的正宗的名牌西服、名牌裙子，因为一看，她就会觉得自己穷酸。那些日本女人或早于她进入这家公司的中国女人大多穿着一流的品牌服饰，而自己呢，竟然还是一副穷学生样。每当这样比较时，她便感到无地自容，她觉得自己就是混入天鹅群的丑小鸭，心里充满了自卑。

服饰还是小事，令王璇更觉得抬不起头来的是她的同事们平时用的香水都是洋货。她们所到之处，处处清香飘逸，而王璇自己用的却是一种廉价的香水。

女人与女人之间，聊起来无非是生活上的琐碎小事，主要的当然是衣服、化妆品、首饰，等等。而关于这些，王璇几乎什么话题都没有。这样，她在同事中间就显得十分孤立，也十分羞惭。

在工作中，王璇也觉得很不如意。由于刚踏入工作岗位，工作效率不是很高，不能及时完成上司交给的任务，有时难免受到批评，这让王璇更加拘束和不安，甚至开始怀疑自己的能力。

此外，王璇刚进公司的时候，她还要负责做清洁工作。看着同事们悠然自得地享用着她倒的开水，她就觉得自己与清洁工无异，这更加深了她的自卑意识……

像王璇这样的自卑者，总是一味轻视自己，总感到自己这也不行，那也不行，什么也比不上别人。怕正面接触别人的优点，回避自己的弱项，这种情绪一旦占据心头，结果是对什么都提不起精神，犹豫、忧郁、烦恼、焦虑便纷至沓来。

每一个事物、每一个人都有其优势，都有其存在的价值。自卑是一种没有必要的自我没落，一个人如果陷入了自卑的泥潭，他能找到一万个理由说自己如何如何不如别人，比如：我个矮、我长得黑、我眼睛小、我不苗条、我嘴大、我有口音、我汗毛太多、我父母没地位、我学历太低、我职务不高、我受过处分、我有病，乃至我不会吃西餐，等等，可以找到无数种理由让自己自卑。由于自卑而焦虑，于是注意力分散了，从而破坏了自己的成功，导致失败，即失败——自卑——焦虑——分散注意力——失败，这就是自卑者制造的恶性循环。

人 生 感 悟

具有自卑心理的人，总是过多地看重自己不利和消极的一面，而看不到有利、积极的一面，缺乏客观全面地分析事物的能力和信心。这就要求我们努力提高自己透过现象抓本质的能力，客观地分析对自己有利和不利的因素，尤其要看到自己的长处和潜力，而不是妄自嗟叹、妄自菲薄。

怀旧情结适可而止

淑娟是某校一位普通的学生。她曾经沉浸在考入重点大学的喜悦中，但好景不长，大一开学才两个月，她已经对自己失去了信心，连续两次与同学闹别扭，学习成绩也不能令她满意，她对自己失望透了。

　　她自认为是一个坚强的女孩，很少有被吓倒的时候，但她没想到大学开学才两个月，自己就对大学4年的生活失去了信心。她曾经安慰过自己，也无数次试着让自己抱以希望，但换来的却是一次又一次的失望。

　　以前在中学时，几乎所有老师跟她的关系都很好，很喜欢她，她的学习状态也很好，学什么像什么，身边还有一群朋友，那时她感觉自己像个明星似的。但是进入大学后，一切都变了，人与人的隔阂是那样的明显，自己的学习成绩又如此糟糕。现在的她很无助，她常常这样想：我并未比别人少付出，并不比别人少努力，为什么别人能做到的，我却不能呢？她觉得明天已经没有希望了，她想了难道12年的拼搏奋斗注定是一场空吗？如果这样对自己来说太不公平了。

　　进入一个新的学校，新生往往会不自觉地与以前相对比，而当困难和挫折发生时，产生"回归心理"更是一种普遍的心理状态。淑娟在新学校中缺少安全感，不管是与人相处方面，还是自尊、自信方面，这使她长期处于一种怀旧、留恋过去的心理状态中，如果不去正视目前的困境，就会更加难以适应新的生活环境、建立新的自信。

　　不能尽快适应新环境，就会导致过分的怀旧。一些人在人际交往中只能做到"不忘老朋友"，但难以做到"结识新朋友"，个人的交际圈也大大缩小。此类过分的怀旧行为将阻碍着你去适应新的环境，使你很难与时代同步。回忆是属于过去的岁月的，一个人应该不断进步。我们要试着走出过去的回忆，不管它是悲还是喜，不能让回忆干扰我们今天的生活。

　　一个人适当怀旧是正常的，也是必要的，但是因为怀旧而否认现在和将来，就会陷入病态。

　　不要总是表现出对现状很不满意的样子，更不要因此过于沉溺在对过去的追忆中。当你不厌其烦地重复述说往事，述说着过去如何如何时，你可能忽略了今天正在经历的体验。把过多的时间放在追忆上，会或多或少地影响你的正常生活。

　　我们需要做的，是尽情地享受现在。过去的再美好，抑或再悲伤，那毕竟已经因为岁月的流逝而沉淀。如果你总是因为昨天错过今天，那么在不远的将来，你又会回忆着今天的错过。在这样的恶性循环中，你永远是一个"迟到"的人。不如积极参与现实生活，如认真地读书、看报，了解并接受新生事物，积极参与改革的实践活动，要学会从历史的高度看问题，顺应时代潮流，不能老是站在原地思考问题。如果对新事物立刻接受有困难，可以在新旧事物之间寻找一个突破口，例如思考如何再立新功、再创辉煌，不忘老朋友、发展新朋友，继承传统、厉行改革等，寻找一个最佳的结合点，从这个点上做起。

隆萨乐尔曾经说过："不是时间流逝，而是我们流逝。"不是吗，在已逝的岁月里，我们毫无抗拒地让生命在时间里一点一滴地流逝，却做出了分秒必争的滑稽模样。

说穿了，回到从前也只能是一次心灵的谎言，是对现在的一种不负责的敷衍。史威福说："没有人活在现在，大家都活着为其他时间做准备。"所谓"活在现在"，就是指活在今天，今天应该好好地生活。这其实并不是一件很难的事，我们都可以轻易做到。

人 生 感 悟

正常的怀旧有一种寻找安静、维持心灵平和、返璞归真的积极功能。这方面的功能多一些，病态的、消极的心态就会减少。只要发挥怀旧的积极功能，我们还是希望一个人有适当的怀旧心理。

孤独永远是一个人的舞蹈

孤独，是一种常见的心理状态。

孤独是既不爱人也不被人爱的一种失重状态，是处于不关心他人也不被他人关心的人生夹壁，因此摆脱孤独的唯一方式在人而不在物，即以爱人之心冰释不被人爱的人生尴尬。孤独感在人的思想、行为上的体现有两种情况：一种是因为客观条件的制约，长期脱离人群的"有形"的孤独，比如远离人们生活中心的边疆哨所中的战士、长期坚持在高山气象观测站工作的科技工作者、长期游弋五洲四海的海员等。他们远离亲人朋友，在工作之余没有与更多的人相互交往的机会，没有丰富多彩的精神生活，不免会感到寂寞，感到孤独。

一种是身处人群之中，但内心世界却与生活格格不入而造成的"无形"的孤独。这种孤独对人的伤害是十分严重的。一个长期被孤独感笼罩的人，精神受到长时间的压抑，不仅会导致自己的心理失去平衡，影响自己的智力和才能的发挥，也会引起人的心理、思想上的一系列变化，产生诸如思想低沉、精神萎靡，失去对事业的进取心和对生活的信心。

5年前，马丽失去了自己的丈夫，她悲痛欲绝。自那以后，她便陷入一种孤独与痛苦之中。"我该做些什么呢？"在她丈夫离开近一个月之后的一天晚上，她对朋友哭诉："我将住到何处？我将怎样度过一个人孤独的日子？"

朋友安慰她说，她的孤独是因为自己身处不幸的遭遇之中，才50多岁便失去了自己生活的伴侣，自然令人悲痛异常，但时间一久，这些伤痛和孤独便会慢慢减缓消失，她也会开始新的生活——从痛苦的灰烬之中建立起自己新的幸福。

"不！"她绝望地说道，"我不相信自己还会有什么幸福的日子。我已不再年轻，孩子也都长大成人，成家立业。我孑然一身还有什么乐趣可言呢？"抱着这种孤独，马丽得了严重的自怜症，而且不知道该如何治疗。好几年过去了，她的心情一直都没有好转。

有一次，朋友忍不住对她说："我想，你并不是要特别引起别人的同情或怜悯。无论如何，你可以重新建立自己的新生活，结交新的朋友，培养新的兴趣，千万不要沉溺在旧的回忆里。"她没有把朋友的话听进去，因为她还在为自己的孤独自怨自叹。后来，她觉得孩子们应该为她的幸福负责，便搬去与一个结了婚的女儿同住。

但事情的结果并不如意，由于她的孤僻，使她和女儿都面临一种痛苦的经历，甚至恶化到母女反目成仇。马丽后来又搬去与儿子同住，但也好不到哪里去。后来，孩子们只好共同买了一间公寓让她独住，但这更加重了她的孤独。

她对朋友哭诉道，所有的家人都弃她而去，没有人要她这个老妈妈了。马丽的确一直都没有再享受到快乐的生活，因为她认为全世界都在孤立她。她实

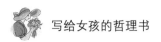

在是既可怜，又可悲，虽然已年过半百了，但情绪还是像小孩一样没有成熟。

大多有孤独感的人，并不是自己情愿离群索居、孤身独守的。他们有的是在坎坷难行的人生路上遇到了伤人肺腑的痛苦，因而或嗟叹人生艰难，埋怨命运刻薄，或痛恨世态炎凉，咒骂人心虚伪；有的是感到自己怀才不遇，知音难觅，得不到别人的理解，因而也不愿去理解别人，不如独处一隅，洁身自好；也有的是自己看不起自己，不相信自己，在人群中徒见别人风流潇洒、知识渊博，因而自惭形秽，悲叹自己外貌平庸、才智低下，不敢也不愿意与人交往……境遇各有不同，其结果却大致相同：把自己置身于孤独的控制之下，陷入无边的伤感之中。

在加州奥克兰的密尔斯大学，校长林·怀特博士在一次女青年会的晚餐聚会里，发表了一段极为引人注意的演讲，内容提到的便是现代人的孤寂感："20世纪最流行的疾病是孤独。"他如此说道："用大卫·里斯曼的话来说，我们都是'寂寞的一群'。由于人口越来越多，人性已汇集成一片汪洋大海，根本分不清谁是谁了……居住在这样一个'不拘一格'的世界里，再加上政府和各种企业经营的模式，人们必须经常由一个地方换到另一个地方工作——于是，人们的友谊无法持久，时代就像进入另一个冰河时期一样，使人的内心觉得冰冷不已。"

那些能克服孤寂的人，一定是生活在怀特博士所说的"勇气的氛围"里。无论我们走到哪里，一定要培养出与人们亲密的情谊关系。就好像燃烧的煤油灯一样，火焰虽小，却仍能产生出光亮和温暖来。

人生感悟

一个人要想得到他人的欢迎，或被人接纳，一定要付出许多努力和代价。要想让别人喜欢我们，的确需要尽点心力。情爱、友谊或快乐的时光，都不是一纸契约所能规定的。让我们面对现实，无论怎样的困境，活着的人都有权利快乐地活下去。我们必须了解：幸福并不是靠别人来布施的，而是要自己去赢取别人对你的需求和喜爱。

善待批评，
因为它是治愈自我痼疾的秘方

生活中，对于别人的批评、意见，心胸狭隘的人可能会把它看成是包袱，并因此嫉恨，而心胸宽广的人则把它看作是提高和充实自己的机会，并报以感谢。听取别人的意见，不是要怀疑自己，而是在相信自己的同时，再不妨从另一个角度看问题。很多时候，我们的目光被禁锢在一个狭小的范围内，"鼠目寸光"而又"自以为是"，看不到事物的客观真实性。唯有豁达者，才视批评为箴言。

20 世纪 80 年代初，美国戏剧家阿瑟·米勒曾经到当时已年逾古稀的戏剧大家曹禺先生家做客。午饭前的休息时分，曹禺突然从书架上拿来一本装帧讲究的册子，上面裱着画家黄永玉写给他的一封信，曹禺逐字逐句地把它念给阿瑟·米勒和在场的朋友们听。这是一封措辞严厉且不讲情面的信，信中这样写道："……你的心不在戏剧里，你失去伟大的灵通宝玉，你为势位所误！命题不巩固、不缜密，演绎分析也不够透彻，过去数不尽的精妙休止符、节拍、冷热快慢的安排，那一箩一筐的隽语都消失了……"

这封信，用字不多却相当激烈，还夹杂着明显批评的味道。然而曹禺念着信的时候神情激动，仿佛这信是对他的褒奖和鼓励。

当时，阿瑟·米勒对曹禺的行为感到茫然，其实这正是曹禺的清醒和真诚。尽管他已经是功成名就的戏剧大家，可他并没有像旁人一样过分爱惜自己的荣誉和名声。在这种"不可理喻"的举动中，透露出曹禺已经把这种批评演绎成了对艺术缺陷的真切悔悟。那些对他而言已经是一笔鞭策自己的珍贵馈赠，所以他要当众感谢这一次"羞辱"。

古人说："金无足赤，人无完人。"谁都不能夸口自己是完美的，同时，也没有人一无是处，在"胸有成竹"时相信自己，在"迷茫怅然"时相信别人，让二者相互配合、相互补充，便会拥有精彩的人生。

善待批评者，会从失误中吸取营养，修正、提升自己，使脚下的路越走越平坦；不善于"笑纳批评"的人，往往我行我素或耿耿于怀，使脚下的路越走越窄。

贪婪是耗尽人的能量，
却永不让人满足的地狱

据说，因纽特人捕猎狼的办法世代相传，非常特别，也极其有效。

严冬季节，他们在锋利的刀刃上涂上一层新鲜的动物血，等血冻住后，他们再往上涂第二层血；再让血冻住，然后再涂………

就这样，很快刀刃就被冻血掩藏得严严实实了。

然后，因纽特人把血包裹住的尖刀反插在地上，刀把结实地扎在冻土中，刀尖朝上。当狼顺着血腥味找到这样的尖刀时，它们会兴奋地舔食刀上新鲜的冻血。融化的血液散发出强烈的气味，在血腥的刺激下，它们会越舔越快，越舔越用力，不知不觉所有的血被舔干净，锋利的刀刃暴露出来。

但此时，狼已经嗜血如狂，它们猛舔刀锋，在血腥味的诱惑下，根本感觉不到舌头被刀锋划开的疼痛。在北极寒冷的夜晚里，狼完全不知道它舔食的其实是自己的鲜血。它只是变得更加贪婪，舌头抽动得更快，血流得也更多，直到最后精疲力竭地倒在雪地上。

可见，贪婪是生命的深渊。

清代康熙年间，北京城里延寿寺街上廉记书铺的店堂里，一个书生模样的青年站在离账台不远的书架边看书。这时账台前一位少年拿着一本《吕氏春秋》正在付书款，有一枚铜钱掉地滚到这个青年的脚边，青年斜睨眼睛扫了一下周围，就挪动右脚，把铜钱踩在脚底。那少年付完钱离开店堂，青年俯下身去拾起脚底下的这枚铜钱。这一幕，被店堂里边坐在凳上的一位老翁看见了。他盯着青年看了很久，然后走到青年面前，同青年攀谈，知道他叫范晓杰，还了解了他的家庭情况。原来，范晓杰的父亲在国子监任助教，他跟随父亲到了北京，在国子监读书已经多年了。今天偶尔走过延寿寺街，见廉记书铺的书价比别的书店低廉，所以进来看看。

后来，范晓杰以监生的身份进入誊录馆工作，不久，他到吏部应考合格，被选派到江苏常熟县去任县尉官职。范晓杰高兴极了，便水陆兼程南下上任。到了的第二天，他先去常熟县的上级衙门江宁府投帖报到，请求谒见上司。当时，江苏巡抚大人汤斌就在江宁府衙，他收了范晓杰的名帖，没有接见。范晓杰只得回驿馆住下。过一天去，又得不到接见。这样一连10天。

第11天，范晓杰耐着性子又去谒见，威严的府衙护卫官向他传达巡抚大人的命令："范晓杰不必去常熟县上任了，你的名字已经写进被弹劾的奏章，革职了。"

"大人，弹劾我，我犯了什么罪？"范晓杰莫名其妙，便迫不及待地问。

"贪钱。"护卫官从容地回答。

"啊？"范晓杰大吃一惊，自忖："我还没有到任，怎么会有贪污的赃证？一定是巡抚大人弄错了。"急忙请求当面向巡抚大人陈述，澄清事实。

护卫官进去禀报后，又出来传达巡抚大人的话："范晓杰，你不记得延寿寺街上书铺中的事了吗？你当秀才的时候尚且爱一枚铜钱如命，今天侥幸当上了地方官，以后能不绞尽脑汁贪污而成为一名戴乌纱帽的强盗吗？请你马上解下官印离开这里，不要使百姓受苦了。"

范晓杰这才想起以前在廉记书铺里遇到的老翁，原来就是正在私巡察访的巡抚大人汤斌。

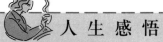

人 生 感 悟

无数人因为贪婪，想要更多的东西，却把现在所拥有的也丢失掉了。

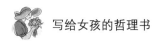

心有多大，世界就有多大

有一条鱼在很小的时候被捕上了岸，渔人看它太小，而且很美丽，便把它当成礼物送给了女儿。

小女孩把它放在一个鱼缸里养了起来，每天它游来游去总会碰到鱼缸的内壁，心里便有一种不愉快的感觉。

后来鱼越长越大，在鱼缸里转身都困难了，女孩便给它换了更大的鱼缸，它又可以游来游去了。

可是每次碰到鱼缸的内壁，它畅快的心情便会黯淡下来，它有些讨厌这种原地转圈的生活了，索性静静地悬浮在水中，不游也不动，甚至连食物也不怎么吃了。

女孩看它很可怜，便把它放回了大海。

它在海中不停地游着，心中却一直快乐不起来。

一天它遇见了另一条鱼，那条鱼问它："你看起来好像闷闷不乐啊！"

它叹了口气说："啊，这个鱼缸太大了，我怎么也游不到它的边！"

我们常常就像那条鱼，在鱼缸中待久了，心也变得像鱼缸一样小了，不敢有所突破。即使有一天，到了一个更为广阔的空间，已变得狭小的心反倒无所适从了。

 **人 生 感 悟**

心就是一个人的翅膀，心有多大，世界就有多大。如果不能打碎心中的四壁，即使给你一片大海，你也找不到自由的感觉。

第四章

社会是女孩最好的学校

勇气减轻了命运的打击。谁不坐等机遇的馈赠，谁便征服了命运。任何一种把命运拱手于人的行为都是懦弱和愚蠢的表现，因为只有依靠自身的才智才有可能获得成功。在人生的道路上，谁都会遇到困难和挫折，就看你能不能战胜它。战胜了，你就是英雄，就是生活的强者。

凡事不要想当然，
也许你的判断会出错

田野是个音乐狂。他刚刚走出校门参加工作，单位就给他分了一间房子。而且他的邻居是个很漂亮的女孩子，这使他感到很快乐。

田野想：热爱音乐的人大概都是些乐观向上、热爱生活的人，那个漂亮女孩一定也是，她一定也很喜欢音乐。

每天下班回来，田野要做的第一件事便是打开录音机，放上一段浪漫吉他曲或钢琴曲，有时也放一些英文歌曲，还有，那些当代歌星的歌。

放音乐时他有一个习惯，打开门、打开窗，把声音放得很大，在震耳欲聋的音乐中神游，自得其乐。他沉醉于音乐的鲜花丛中，呼吸着音乐所带来的芬芳，感到自己真的成了一个自由人。一种幸福感时时弥漫于他的内心。

田野甚至想，那位他急欲想了解的漂亮女孩一定很注意他、很羡慕他。

有一天，女孩突然走到了田野的门前，羞怯地说："我可以进来吗？"

田野十分惊喜地说："当然可以，我做梦都想跟你聊聊天儿、认识认识呢！快进屋吧。"

他慌忙让座、沏茶给女孩。他希望给女孩留下一个极好的印象，也好进一步与她发展。

"对啦，做邻居都十几天啦，还不知你的芳名。"

"噢，我叫安琪。"

"多美的名字！那是天使的名字，你真是名如其人呀！"

"过奖啦。"女孩说着低下了头，一朵红云飘过她的脸庞。

"我，我想……"女孩突然有些嗫嚅地望着他。

"有什么话尽管说，是不是想和我谈谈音乐？"他鼓励她道。他想，或者是她爱上了他，又不好意思说出口。

"那好吧，我说出来你别生气。"女孩大胆地望了他一眼。这句话使他一下子提高了警惕。

"你天天放的音乐吵得我坐卧不安，有一段时间我感到自己简直都快疯啦！我想，你放音乐时是否可以小声一点。"女孩勇敢地望着他，终于吐出了她那显然压抑了许久的心里话。

田野一瞬间怔住了。

许久，许久，他才从牙缝里挤出一句话："好，我一定，一定……"

女孩走出了门。女孩的身材像舞蹈演员一样美，女孩如诗的背影永远地停驻在他的眼帘。

从那以后，田野很少再放音乐。即使偶尔放，声音也放得很小。因为那个女孩使他懂得：自己认为很美很动听的音乐，有时对于别人来说很可能就是一种噪音。

人 生 感 悟

孔子说：己所不欲，勿施于人。有时就算是你所喜爱的事物，别人也未必欣赏，因此考虑问题时多站在他人的角度思考，这样就多了一份不偏不倚的把握。

逆来顺受被人欺，
要懂得捍卫自己的利益

一天，史密斯把孩子的家庭教师尤丽娅·瓦西里耶夫娜请到他的办公室来，需要结算一下工钱。

史密斯对她说："请坐，尤丽娅·瓦西里耶夫娜！让我们算算工钱吧。你也许要用钱，你太拘泥于礼节，自己是不肯开口的。呶，我们和你讲妥，每月30卢布。"

"40 卢布。"

"不，30，我这里有记载，我一向按 30 付教师的工资的。呶，你待了两个月。"

"两个月零 5 天。"

"整两个月，我这里是这样记的。这就是说，应付你 60 卢布。扣除 9 个星期日，实际上星期日你是不和柯里雅搞学习的，只不过游玩。还有 3 个节日……"

尤里娅·瓦西里耶夫娜骤然涨红了脸，牵动着衣襟，但一语不发。"3 个节日一并扣除，应扣 12 卢布。柯里雅有病 4 天没学习，你只和瓦里雅一人学习。你牙痛 3 天，我夫人准你午饭后歇假。12 加 7 得 19，扣除……还剩……嗯……41 卢布。对吧？"

尤里娅·瓦西里耶夫娜两眼发红，并且满眶湿润，下巴在颤抖。她神经质地咳嗽起来，擤了擤鼻涕，但一语不发！

"新年底，你打碎一个带底碟的配套茶杯，扣除 2 卢布，按理茶杯的价钱还高，它是传家之宝，我们的财产到处丢失！而后，由于你的疏忽，柯里雅爬树撕破礼服，扣除 10 卢布。女仆盗走瓦里雅皮鞋一双，也是由于你玩忽职守，你应负一切责任，你是拿工资的嘛，所以，也就是说，再扣除 5 卢布。1 月 9 日你从我这里支取了 9 卢布……"

"我没支过！"尤里娅·瓦西里耶夫娜嗫嚅着。

"可我这里有记载！"

"呶，那就算这样，也行。"

"41 减 26 净得 15。"

尤里娅两眼充满泪水，长而修美的小鼻子渗着汗珠，多么令人怜悯的小姑娘啊！

她用颤抖的声音说道："有一次我只从您夫人那里支取了 3 卢布……再没支过……"

"是吗？这么说，我这里漏记了！从 15 卢布再扣除。呐，这是你的钱，最可爱的姑娘，3 卢布……3 卢布……又 3 卢布……1 卢布再加 1 卢布……

请收下吧！"

史密斯把 12 卢布递给了她，她接过去，喃喃地说："谢谢。"

史密斯一跃而起，开始在屋内踱来踱去。

"为什么说'谢谢'？"史密斯问。

"为了给钱。"

"可是我洗劫了你，鬼晓得，这是抢劫！实际上我偷了你的钱！为什么还说'谢谢'？"

"在别处，根本一文不给。"

"不给？天啦！我和你开玩笑，我要把你应得的 80 卢布如数付给你！呐，事先已给你装好在信封里了！你为什么不抗议？为什么沉默不语？难道生在这个世界口笨嘴拙行吗？难道可以这样软弱吗？"

史密斯请她对自己刚才所开的玩笑给予宽恕，接着把使她大为惊疑的 80 卢布递给了她。

她羞羞地过了一下数，就走出去了。

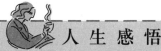

人 生 感 悟

勇气减轻了命运的打击。谁不坐等机遇的馈赠，谁便征服了命运。

与其抱怨周围环境，
不如及早适应世界

有一个人在社会上总是很落魄，不得志，有人就向他推荐智者。

他找到智者，诉说了自己的困窘和苦恼。智者沉思良久后，默然舀起一瓢水，问他："这水是什么形状？"

那个人摇摇头："水哪有什么形状呀？"

智者不答，只是把水又倒入杯子。那个人若有所悟："我知道了，水的形状像杯子！"

智者无语，再把杯中水倒入旁边的花瓶。那个人恍然大悟："我明白了，您是想通过水告诉我，社会处处像一个规则的容器，人应该像水一样，盛进什么容器就像什么形状。您的意思是要我必须适应社会啊！"

智者点头默认，轻轻提起花瓶，把水又倒入一个盛满沙土的花盆。刚才晶莹清亮的水，一下子便渗入沙土，不见了。智者低身抓起一把沙土，叹道："看，水就这么消逝了！"

那个人陷入了沉默的思索，对智者的话咀嚼良久，然后高兴地说："人生就像这水一样，如果掺入的杂质像沙土一样多，超过了自身的承受力，就会、迅速地消逝，失去自我。"

"是这样。"智者拈须，转而又说，"但又不完全是这样！"说完，他走出门去，那个人紧随其后。

在屋檐下，智者俯身用手在青石台阶上摸了一会儿，然后停住了。那个人也把手指伸向智者的手指所触之地，他感到有一个凹处。他有些不解，不知道这个本来平滑的石阶上的小窝中藏有什么玄机。

智者点拨道："每到雨天，雨水就会不停地从屋檐落下来，这个凹处就是水滴下来的结果。"

那个人终于醒悟："人生在世，经常会被装入各种各样的容器，所以人应当像水一样学会适应，但是，如果容器中杂质的含量过多，超过了水的承载能力，水就会消失，所以人不能一味只知适应社会，失去自我。做人，要像这小小水滴一样，通过不懈的努力来改变这坚硬的青石板，直到冲破容器的限制和束缚！"

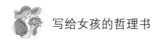

人 生 感 悟

老子在《道德经》中提到"上善若水"，我们都应当像水一样具有极强的可塑性。改变世界很难，改变自己却很容易。

世界上没有上帝，
不要依赖别人来拯救你

故事发生在得州的一个小村庄里，有一位对上帝非常虔诚的牧师，40年来，他照管着教区的人们，施行洗礼，举办葬礼、婚礼，抚慰病人和孤寡老人，是一个典范的圣人。

有一天下起雨来，倾盆大雨连续不停地下了20天，水位高涨，迫使老牧师爬上了教堂的屋顶。正当他在那里浑身颤抖时，突然有个人划船过来，对他说道："神父，快上来，我把你带到高地。"

牧师看了看他，回答道："我一直按照上帝的旨意做事，我真诚地相信上帝，因为我是上帝的仆人，因此你可以驾船离开，我将停留在这里，上帝会救我的。"

那人划着船离去了。两天之后，水位涨得更高，老牧师紧紧地抱着教堂的塔顶，水在他的周围旋转着。这时，一架直升机来了，飞行员对他喊道："神父，快点，我放下吊架，你把吊带在身上安好，我们将把你带到安全地带。"

对此老牧师回答道："不，不。"他又一次讲述了他一生的工作和他对上帝的信仰。这样，直升机也离去了，几个小时之后，老牧师被水冲走，淹死了。

因为是一个好人，他直接升入天堂。他对自己最后的遭遇颇为生气，来到天堂时，情绪很不好。他气冲冲地在天堂中走着，突然间碰到了上帝，上帝说道："麦克唐纳神父，欢迎你！"

老神父凝视着上帝，说："40年来，我遵照你的旨意做事，而当我最需要你的时候，你却让我被水淹死了。"

上帝微笑着说："哦！神父，请原谅，我确信我给你派去了一条船和一架直升机，是你的偏执害了你。"

偏执与依赖是一种常见的不健康的心理。我们信奉上帝的存在是基于一种信仰，希望从他的身上获取战胜困难、永怀期待的力量。但是这一切，并非是要我们在险境逼近时坐以待毙。

任何一种把命运拱手于人的行为都是懦弱和愚蠢的表现，因为只有依靠自身的才智才有可能获得成功。

想要赢得他人敬重，
就要学会与人合作

安德森是个非常优秀的青年，头脑一向很聪明，在大学期间是令人羡慕的"学习尖子"。或许正是因为他太优秀了，所以其他人在他眼里简直不值一提。

他是一个特立独行的人，时时感到自己"鹤立鸡群"。他不仅对周围的同学看不上眼，而且连一些教授他也不放在心上，因为他们讲的课程对安德森来说实在太简单了。

学业上的优秀使安德森逐渐形成了一种心理优越感，因而在人际交往上常常变得极为挑剔，容不得别人犯一点毛病。一次，有位同学向他借了一本书，书还回来时弄破了一点，虽然那位同学一再向他道歉，但安德森仍然无法原谅他。尽管碍于面子，他当时什么话也没说，然而从那以后他再也不愿理睬那个借书的同学了。

渐渐地，安德森成了其他同学眼中的"怪人"，大家不敢再和他交往，甚至不愿意和他交往。当然，这种"集体排斥"并没有阻碍安德森在学业上的成功。

安德森的功课门门都很优秀，年年都获得了奖学金，还曾代表学校参加过国际性竞赛，并获得了奖项。许多老师和学生都一致认为，他是一个难得的"天才"。

数年寒窗苦读后，安德森以优异的成绩毕业，顺利进入一家待遇优厚的大公司。他心中对未来充满了憧憬，准备干出一番轰轰烈烈的事业来。

不过，上班后的生活远远不像在学校里那样简单，每天都少不了和上司、同事、客户等各种各样的人打交道。安德森对此感到十分厌烦。原因在于，他在与人交往时仍然抱着那种挑剔的心理，一旦与人接触就对他人的弱点非常敏感。

毕竟，安德森太优秀了，很少有人能够和他相提并论。他对别人的挑剔越来越严重，逐渐发展成对他人的厌恶。

在公司，他讨厌那些平庸的同事、低能的上司，有时甚至说不清对方有什么具体的缺陷，但他就是感觉不对劲。

长此以往，安德森与周围的人关系搞得很紧张，彼此都感到很别扭。他经常与同事闹得不可开交，也往往因一些微不足道的小事而与上司发生口角。

终于有一天，安德森彻底变成了一个无人理睬的闲人了。尽管他确实很有才干，但上司却不再派给他任何任务，同事们也像躲避瘟疫一样远离他。在走投无路之际，他被迫写了一份辞职书，结果马上得到批准。

随后，安德森又到别处应聘，可是一连换了四五家单位，竟然没有一处令他感到满意。这位原本前途远大的青年，心情变得越来越苦闷，日益形单影只。在巨大的痛苦煎熬下，他的精神逐渐崩溃，最后被送入了一家精神病医院。

人 生 感 悟

在现代社会，一个不会与他人合作共赢的人，其本身就算是实力再强，也难免会惨遭失败。

轻信会使你容易被骗，
但过度怀疑又会让你错失良机

杰克十分轻信他人。

在求职的路上，他被一个骗子用假金像骗走了 3 000 美元。

于是人们提醒他："小心啊，现在大街上到处都是骗子、恶棍、小偷和无赖，千万不能轻信任何人啊！"

轻信的杰克全盘接受了人们的劝告。从此，他变成了一个多疑的人。

杰克虽然身材健美、知识丰富且多才多艺，然而还没有找到理想的工作。他必须每天奔走于大街小巷，为寻找一份自己较满意的工作而忙碌不休。

这天，一位中年女画家看中了他的体形，欲以高薪聘请他做她的业余模特。要知道，这位女画家开出的价钱，足够他坐享其成 10 年！

"怎么样？20 万美元，小伙子，你给我做业余模特。平时你尽可以从事你的正式工作。"

杰克先是惊喜，而后便生疑：

"天下哪有这种凭空掉馅饼的事儿？哼！骗局！骗局！"

多疑的杰克朝女画家冷冷看了一眼，走了。

他失去了一次净赚 20 万美元的机会。

又过了几天，他到一家德国公司应聘。经过面试，老总看中了他一口流利的德语、一副健美的身材和那种稳重且略显忧郁的气质。

"你被录用了，就做我的助手兼翻译，月薪 3 万美元。请你今晚就开始工作，因为今晚有一个重要宴会，需要你出面翻译。"老总说。

"那我的家呢？"杰克担心家里无人照看。

"家就不用去管它了，上班吧。"老总说完，忙别的事去了。

多疑的杰克却想："不让我回家照看，莫非这是一家骗子公司？企图用谎言留住我，然后派人把我家偷个一干二净？况且，3 万美元的月薪，怎么可能这么高？哼！一定是个阴谋，不能相信，不能相信！"

杰克走了，不告而别。走在路上，他还在庆幸："天哪，幸亏我警惕性高，要不然……"

到了家，看到家里一切完好无损，他高兴地笑了。然而，他哪里知道，他损失了更多的东西。

人生感悟

信任所有的人，说明你幼稚、无知；怀疑所有的人，说明你内心阴暗、无情。

常理并非真理

生活中，没有十全十美的人生经验。经验、常理并非就是真理的代名词。

读过一篇有趣的文章：

长江中有 3 种鱼：鲥鱼、刀鱼和河豚，鲥鱼的形状像鲤鱼，身子比鲤鱼扁一些；刀鱼的形状像一把匕首；河豚有着滚圆的身子，身上长的不是鱼鳞，而是带小刺的皮。尽管这 3 种鱼形状各异，但当地的渔民捉它们时却用的是同一张网。渔民们把渔网像排球网一样拦在江中，鲥鱼头小身子大，头钻过去后身子就过不去了，这时候，鲥鱼只要往后一退，它就逃脱了，但是它没有，仍然往前挣，就被渔民捉住了；刀鱼在穿过网时就迅速地后退，由于它的身子像一把匕首，两边的鱼鳍卡在了网上，其实，它只要继续向前就能穿网而过，但它不顾自身的情况，错误地接受了鲥鱼的教训，也被渔民捉住了；而河豚呢，在碰到网后，既不学鲥鱼，也不学刀鱼，它采取的是既不前进又不后退，它给自己拼命地打气，把自己打得圆鼓鼓的，结果漂到江面上，还是被渔民捉住了。

如同这 3 种鱼一样，许多人常常被自己的习惯和自以为是害得苦不堪言：能看到别人的缺点，却永远找不到自己的弱点；常常因为看到别人出了问题

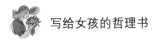

想避免重蹈覆辙，结果却陷入了另外一个更致命的错误之中。

清代学者纪晓岚在《阅微草堂笔记》中讲过这样一个故事：

在沧州南面，有一座寺庙靠近河边。某年发大水，庙门倒塌到河里，门旁两只石兽也一起沉到河里。

10多年后，和尚们募集到了一笔钱，决定重修庙门，便到河中寻找那两只石兽，居然没找到。他们认为石兽是顺着河的方向冲到下游去了，便划着小船，拖着铁耙，寻找了10多里，却一点踪迹也没有。

有个学究在庙里开馆执教，听到这件事便嘲笑说："你们这些人不能推究事物的道理。这不是木片，怎么能被洪水带走了呢？石头的特性是坚硬而沉重，泥沙的特性松散而轻浮，石兽埋没在泥沙中，就会越沉越深。顺着河流往下游去寻找它，不是荒唐吗？"众人十分信服，认为是正确的论断。

一个老水手听了学究的话后，又嘲笑说："凡是河中失落的石头，都应该到河的上游去寻找。正因为石头的特性坚硬而沉重，泥沙的特性松散而轻浮，所以水流不能冲走石头，它的反冲的力量，一定会在石头迎水的地方冲击石前的沙子形成坑穴。越冲越深，冲到石头半身空着时，石头一定会倒在陷坑中。像这样再冲击，石头又向前再转动。这样一再翻转不停，于是石头就反方向逆流而上了。到下游去寻找它，固然荒唐；在石兽掉下去的当地寻找，不是更荒唐吗？"

人们按照老水手的说法去找，果然在几里外的上游地方寻到了石兽。

作者感慨地说，既然这样，那么天下的事情，只知其一、不知其二的还多着呢，难道可以根据自己所知道的道理就主观判断吗？

常理并非真理，常理也有"无常"的时候。只有敢于适时冲破我们的思维常理，那些看似不利的事情才可能有所转机。

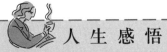

人 生 感 悟

不迷信过去的经验，不盲从书本、常理，我们才能发掘到真正的幸福、真理。

眼见并非为实，不可只盯着表面

哲人说，"金玉其外，败絮其中"。生活中，对于一人一事，如果只将目光盯在表面，是无法触摸到实质和真相的。

有一年，孔子周游列国、宣扬其学说时，被困在陈、蔡两国之间，只能吃野菜充饥，7天没有吃到粮食。孔子无奈，只好白天躺着睡觉。弟子颜渊去讨米，回来后烧火做饭。饭快熟了，孔子却发现颜渊抓起一把锅里边的饭，偷偷吃下。

过了一会，饭做熟了，颜渊拜见孔子并且端上饭食，孔子假装没有发现颜渊抓饭吃的事，起身说："今天我梦见了先君，我想把饭食弄干净了，然后我们去祭扫先君。"

颜渊回答说："不行啊，先生。刚才灰尘落进饭锅里，扔掉粘着灰尘的食物不吉利，所以我抓出来吃了。"

于是，孔子召集弟子叹息道："我们所相信的是眼睛，可眼睛看到的还是不可以相信；所依靠的是心，可心里揣度的还是不可依靠。各位学生你们要记住：了解人本来就不容易呀。"

可见，若想洞察世事世人，不可仅凭眼睛看见的、耳朵听到的便立即下结论。

有一篇趣文道出了其中真味：

看一个国家的国民教育，要看它的公共厕所。

看一个男人的品味，要看他的袜子。

看一个女人是否养尊处优，要看她的手。

看一个人的气血，要看他的头发。

看一个人的心术，要看他的眼神。

看一个人的身价，要看他的对手。

看一个人的底牌，要看他身边的好友。

看一个人的性格，要看他的字写得怎样。

看一个人是否快乐，不要看笑容，要看清晨梦醒时一刹那的表情。

看一个人的胸襟，要看他如何面对失败及被人出卖。

看两个人的关系，要看发生意外时，另一方的紧张程度……

也许这种种观点有所偏颇，但却告诫我们，凡事不能只看表面，而忽略本质的东西。这正如生活，只注意表面上的得失来去，永远也获取不了幸福真谛。看得远，自然懂得多，也就收获更多。

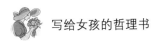

人 生 感 悟

"试玉要烧三日满，辨材须待七年期。"生活中，对人对事不要只迷信眼睛和耳朵，要想明白真伪优劣，只有让心灵和时间去考证。

接受不可避免的现实

生活中，我们会遇到许多不公平的经历，而且许多都是我们所无法逃避的，也是无所选择的。我们只能接受已经存在的事实并进行自我调整，抗拒不但可能毁了自己的生活，而且也会使自己精神崩溃。因此，人在无法改变不公和不幸的厄运时，要学会接受它、适应它。因为，它们往往是无法逃避的，也是我们难以选择的。

威廉·詹姆士曾说："心甘情愿地接受吧！接受事实是克服任何不幸的第一步。"

一位很有名气的心理学教师，在给学生上课时拿出一只十分精美的咖啡杯，当学生们正在赞美这只杯子的独特造型时，教师故意装出失手的样子，咖啡杯掉在水泥地上成了碎片，这时学生中不断发出了惋惜声。教师指着咖啡杯的碎片说："你们一定对这只杯子感到惋惜，可是这种惋惜也无法使咖啡杯再恢复原形。今后在你们的生活中发生了无可挽回的事时，请记住这破碎的咖啡杯。"

这是一堂很成功的素质教育课，学生们通过摔碎的咖啡杯懂得了，人在无法改变失败和不幸的厄运时，要学会接受它、适应它。

荷兰阿姆斯特丹有一座15世纪的教堂遗迹，里面有这样一句让人过目不忘的题词："事必如此，别无选择。"

小时候，琼斯和几个朋友在密苏里州的老木屋顶上玩，汉斯爬下屋顶时，在窗沿上歇了一会，然后跳下来，他的左食指戴着一枚戒指，往下跳时，戒指勾在钉子上，扯断了他的手指。

琼斯尖声大叫，非常惊恐，他想他可能会死掉。但等到手指的伤好后，琼斯就再也没有为它操过一点儿心。他已经接受了不可改变的事实。

英格兰的妇女运动名人格丽·富勒曾将一句话奉为真理，这句话是："我接受整个宇宙。"是的，你我也应该能接受不可避免的事实。

成功学大师卡耐基也说："有一次我拒不接受我遇到的一种不可改变的情况。我像个蠢蛋，不断作无谓的反抗，结果带来无眠的夜晚，我把自己整得很惨。终于，经过一年的自我折磨，我不得不接受我无法改变的事实。"

面对现实，并不等于束手接受所有的不幸。只要有任何可以挽救的机会，我们就应该奋斗！但是，当我们发现情势已不能挽回时，我们最好就不要再思前想后，拒绝面对，要接受不可避免的事实，唯有如此，才能在人生的道路上掌握好平衡。

人 生 感 悟

命运中总是充满了不可捉摸的变数，如果它给我们带来了快乐，当然是很好的，我们也很容易接受。但事情却往往并非如此，有时，它带给我们的会是可怕的灾难，这时如果我们不能学会接受它，反而让灾难主宰了我们的心灵，那生活就会永远地失去阳光。

面对困难，你强它便弱

一个女儿对她的父亲抱怨，说她的生命是如何痛苦、无助，她是多么想要健康地走下去，但是她已失去方向，整个人惶惶然然，只想放弃。她已

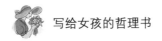

厌烦了抗拒、挣扎，问题似乎一个接着一个，让她毫无招架之力。

父亲二话不说，拉起心爱的女儿，走向厨房。他烧了3锅水，当水沸腾之后，他在第一个锅里放进萝卜，第二个锅里放了一颗蛋，第三个锅则放进了咖啡。

女儿望着父亲，不明所以，而父亲只是温柔地握着她的手，示意她不要说话，静静地看着滚烫的水，以炽热的温度煮着锅里的萝卜、蛋和咖啡。一段时间过后，父亲把锅里的萝卜、蛋捞起来各放进碗中，把咖啡过滤后倒进杯子，问："你看到了什么？"

女儿说："萝卜、蛋和咖啡。"

父亲把女儿拉近，要女儿摸摸经过沸水烧煮的萝卜，萝卜已被煮得软烂；他要女儿拿起这颗蛋，敲碎薄硬的蛋壳，她细心地观察着这颗水煮蛋；然后，他要女儿尝尝咖啡，女儿笑起来，喝着咖啡，闻到浓浓的香味。

女儿谦虚而恭敬地问："爸，这是什么意思？"

父亲解释：这3样东西面对相同的环境，也就是滚烫的水，反应却各不相同：原本粗硬、坚实的萝卜，在滚水中却变软了；这个蛋原本非常脆弱，它那薄硬的外壳起初保护了液体似的蛋黄和蛋清，但是经过滚水的沸腾之后，蛋壳内却变硬了；而粉末似的咖啡却非常特别，在滚烫的热水中，它竟然改变了水。

"你呢？我的女儿，你是什么？"父亲慈爱地问虽已长大成人，却一时失去勇气的女儿，"当逆境来到你的门前，你有何反应呢？你是看似坚强的萝卜，痛苦与逆境到来时却变得软弱、失去了力量吗？或者你原本是一颗蛋，有着柔顺易变的心？你是否原是一个有弹性、有潜力的灵魂，但是在经历死亡、分离、困境之后，变得僵硬顽强？也许你的外表看来坚硬如旧，但是你的心灵是不是变得又苦又倔又固执？或者，你就像是咖啡？咖啡将那带来痛苦的沸水改变了，当它的温度高达100摄氏度时，水变成了美味的咖啡，当水沸腾到最高点时，它就越加美味。如果你像咖啡，当逆境到来、一切不如意时，你就会变得更好，而且将外在的一切转变得更加令人欢喜。懂吗，我的宝贝女儿？你要让逆境摧折你，还是你主动改变，让身边的一切变得更美好？"

人 生 感 悟

　　在人生的道路上，谁都会遇到困难和挫折，就看你能不能战胜它。战胜了，你就是英雄，就是生活的强者。

"不可能"是机会的代名词

　　在法国里昂的一次宴会上，人们对一幅是表现古希腊神话还是历史的油画发生了争论。主人眼看争论越来越激烈，就转身找他的一个仆人来解释这幅画。使客人们大为惊讶的是：这仆人的说明是那样清晰明了，那样深具说服力。辩论马上就平息了下来。

　　"先生，您是从什么学校毕业的？"一位客人对这个仆人很尊敬地问。

　　"我在很多学校学习过，先生，"这年轻人回答，"但是，我学的时间最长、收益最大的学校是苦难。"

　　这个年轻人为苦难的课程付出的学费是很有益的。尽管他当时只是一个贫穷低微的仆人，但不久以后他就以其超群的智慧震惊了整个欧洲。

　　他就是那个时代法国最伟大的天才——法国哲学家和作家卢梭。

　　凡是天生刚毅的人必定有自强不息的精神。但凡在年轻时遭遇苦难而能做到坚忍不拔的人，在以后的人生道路上多半会走得豁达、从容。

　　一个信念可以造就一段传奇，一个信念可以把常人眼中的"不可能"变为"可能"。

　　1485 年 5 月，哥伦布到西班牙极力游说："我从这儿向西也能到达东方，只要你们拿出钱来资助我。"当时，没有一个人阻止他，也没有人刺杀他，因为当时的人认为，从西班牙向西航行，不出 500 海里 (926 千米)，就会掉进无尽的深渊；到达富庶的东方，是绝对不可能的。

　　不料，在他第一次航行成功，第二次又要去的时候，不仅遇到了空前的

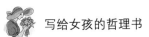
阻力，而且还有人在大西洋上拦截，并企图暗杀他。至于原因，非常简单，因为沿这条航线绝对能够到达富庶的东方，他再去一回，那儿的黄金、玛瑙、翡翠、玉石、皮毛、香料，就会使他富比王侯，不可一世。

在法国，一位小男孩创办了一个专门提供玩具信息的网站。当时，没有一个人把他放在眼里，没有一家同类的公司与之为敌，也没有哪家行业会来找他签订行业约束条款。他们认为，那个网站只是一个孩子的游戏，成不了什么气候。谁知结果却出人意料，这个小男孩不仅把网站做大了，而且在他十几岁时，就通过广告收入，成了法国最年轻的百万富翁。

可见，"不可能"的另一面，即为"机会"。

因为不可能，必然谁也不去关注，谁也不去攻击，谁也不去设防；再者，不可能实现的事，一般都没有竞争对手，第一个去做的人正好可以独自乘虚而入。

另外，一般人认为不可能的事，肯定是件十分困难、甚至是难以想象的事。因为太难，所以畏难；因为畏难，所以根本不去问津。不但自己不去问津，甚至认为别人也不会问津。可以说，世界上真正的大业，都是在别人认为不可能的情况下完成的。在人类一步步从过去走向未来的过程中，不可能的事，一件还没有发现。

人 生 感 悟

　　唯有信念坚定的强者，最爱人们眼中的"不可能"，因为其中潜藏着无数的机遇。

选择并非越多越好

　　社会大舞台上，每个人都是自己生活和生存方式的编导兼演员。只有学会正确地进行选择，有所为，有所不为，才能演绎出精彩的人生喜剧。选择和取舍必须理性、睿智，不可鼠目寸光，不可急功近利，更不可本末倒置，因小失大。一个能看清方向的人就有如行驶在海上的船，不会迷失在风中。果断选择的人，不会迷失在懊悔中。

放弃优柔寡断，
才有另一种人生

一个农民从洪水中救起了他的妻子，他的孩子却被淹死了。

事后，人们议论纷纷。有的说他做得对，因为孩子可以再生一个，妻子却不能死而复活。有的说他做错了，因为妻子可以另娶一个，孩子却不能死而复生。

一位学者听了人们的议论，也感到疑惑难决：如果只能救活一人，究竟应该救妻子，还是救孩子呢？

于是学者去拜访那个农民，问他当时是怎么想的。

他答道："我什么也没想。洪水袭来，妻子在我身边，我抓住她就往附近的山坡游。当我返回时，孩子已经被洪水冲走了。"

其实，所谓人生的抉择不少便是如此。犹豫不决，将失去一切。

生活中，每个人都有必要检视自己，放弃优柔寡断的一面，因为做事果断是成功的重要条件。

日本战国时代，织田信长在桶狭间打败了驻防今川的齐藤氏后，便立刻占领了两处领土，随即迁都到美浓；由于当时美浓四周还有许多更强的势力，割地称雄，相互争胜，所以他把部队布置在各个要塞，并叫儿子信忠以"一剑平天下"的豪语做成旗帜，插在首都的城墙上。在那段时间，织田信长以快刀斩乱麻的方式治理天下，使百姓很快获得安宁。

织田信长的处事方式与魄力的确令人钦佩。信长为了围剿一批乱贼，计划放火焚烧比睿山，因为比睿山是日本桓武天皇指定为传播佛教义理的圣地，山中有许多寺庵灵地，是信仰的中心，所以他的家臣如明智光秀等人都群起反对。可是织田信长说："我是奉了桓武天皇的敕令（同时也得到传教大师的允许），为了平定天下而奋战；假使放火烧山的事有什么不对的话，等我死了自然会去和阎王争论的。"由于他表现得那么有气魄，部属也只好照着命令焚山了。结果，平定了乱党。

火烧比睿山只是织田信长众多激烈措施中的一项而已，后人对他的处事强硬和坚持有许多批评，甚至还有些政治家、思想家不断攻击他，信长的作风可能有过分之处，但他凡事必求成功，不打折扣，果敢面对任何困难和挑战的魄力，的确为往后300年的太平盛世，奠定了稳固的基础。

网络骄子比尔·盖茨本着人生短暂如火花的信念，及时地做出了退学去创建网络王国的选择。

以上种种都告诉我们：做选择时，一定要当机立断。唯有如此，幸福才可被抓牢。

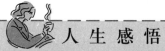

人 生 感 悟

一个能看清方向的人就有如行驶在海上的船，不会迷失在风中。果断选择的人，不会迷失在懊悔中。

放下，幸福的妙方

佛陀在世时，有一位叫黑指的婆罗门拿了两个花瓶前来献佛。

佛陀对他说："放下！"

黑指就把他左手拿的那个花瓶放下了。

佛陀又说："放下！"

黑指又把他右手拿的那个花瓶放下。

佛陀还是对他说："放下！"

黑指说："能放下的我已经都放下了，我现在两手空空，没有什么可以再放下了，你到底让我放下什么呢？"

佛陀说："我让你放下的，你一样也没有放下；我没有让你放下的，你全都放下了。花瓶是否放下并不重要，我要你放下的是你的六根、六尘和六识。你的心已经被这些东西充满了，只有放下这些，你才能从生活的桎梏中解脱出来，才能懂得真正的生活。"

黑指终于明白了。

佛陀说"放下"这两个字听起来容易，做起来却很难。有的人追求功名，他放不下功名；有了金钱，就放不下金钱；有了爱情，就放不下爱情；有了嫉妒，就放不下嫉妒。世人能有几个能真正地"放下"呢！

放下是一种心境。要真正学会放下，必得有宽放之胸怀，磊落之行止，必得有高远之志向，进取之心态，必得以热切之心入世，以淡泊之心出世，才能做到完全放下，经得起时光的流逝、岁月的痕迹，经得起人世间的恩怨情仇。人一旦真的放下，就能登临山巅，见远黛苍茫，天高地阔，听鸟鸣啁啾，松涛呼啸，并有野花、泥土、树木、青草之香陶然熏面，胸怀于是豁然开朗，牵绊于是顿然消逝，只觉耳聪目明、神色俊逸、心神飞扬……

禅语说："一切放下，一切自在；当下放下，当下自在。"

放下重负的时候，才知道自己已经很辛苦了；放下痴心妄想的时候，才发现自己应该很满足了。

放下一些问题的时候，才能体会到一些问题其实并不需要放在心里；放下一些负担的时候，才能体会到一些负担并不需要挑在肩上。

放下一些"实"的东西，才能感受到简单生活的乐趣；放下一些"虚"的东西，才能感受到心灵飞翔的快感。

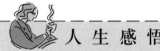

人 生 感 悟

压力要重于手上的花瓶，"放下"，不失为一条追求幸福的绝妙方法！

面对十字路口，不必患得患失

人生中，左右为难的情形会时常出现：比如面对两份同具诱惑力的工作，两个同具诱惑力的追求者。为了得到这"一半"，你必须放弃另外"一半"。若过多地权衡，患得患失，到头来将两手空空、一无所得。我们不必为此感到悲伤，能抓住人生"一半"的美好已经是很不容易的事情。

　　两个朋友一同去参观动物园。动物园非常大，他们的时间有限，不可能所有动物都参观到。他们便约定：不走回头路。每到一处路口，选择其中一个方向前进。

　　第一个路口出现在眼前时，路标上写着一侧通往狮子园，一侧通往老虎山。他们琢磨了一下，选择了狮子园，因为狮子是"草原之王"。又到一处路口，分别通向熊猫馆和孔雀馆，他们选择了熊猫馆，熊猫是"国宝"嘛……

　　他们一边走，一边选择。每选择一次，就放弃一次，遗憾一次。时间不等人，不做选择他们失去的将更多。只有迅速做出选择，才能减少遗憾，得到更多的收获。

　　选择和取舍时必须要有理性、睿智和远见卓识，不可鼠目寸光，不可急功近利，更不可本末倒置，因小失大。

　　选择不是一锤子的买卖，不能因为一粒芝麻丢弃西瓜；不能因为留恋一棵小树而失去整片的森林。

　　释迦牟尼在宗教事业和王位之间，选择了创立佛学；鲁迅在拯救人的灵魂和人的身体之间，选择了成为一代文豪；迈克尔·乔丹放弃了棒球运动员的梦想，成为世界篮坛上最耀眼的"飞人"；帕瓦罗蒂放弃了教师职业，成为名扬世界的歌坛巨星。

　　有些选项看似诱人，但如果不适合自己，那就要果断舍弃。做出什么样的选择，要视自身条件和具体情况而定，要有主见，不能人云亦云。

　　在人生的旅途上，无论我们怎样审慎地选择，终归都不会是尽善尽美，总会留有缺憾，但缺憾本身也是一种美。

人 生 感 悟

　　社会大舞台上，每个人都是自己生活和生存方式的编导兼演员。只有学会正确地进行选择，有所为，有所不为，才能演绎出精彩的人生喜剧。

人生的旅途上处处有死角，
要懂得转弯

从小到大，我们一直在接受着这样的一种教育，无论是在学校还是在家里，当我们遇到挫折想放弃的时候，老师和家长就会站出来，用一副大智大勇者的姿态告诉我们："孩子啊，你要坚持，人贵有恒啊！"有的甚至还会信誓旦旦地告诉你："坚持就是胜利。"然而，若要追根究底，坚持真的就会胜利吗？

有这样一个农民，他一直梦想着成为作家，为此，他一如既往地努力着，10年来，坚持每天至少写作500字。每写完一篇，他都改了又改，精心地加工润色，然后再充满希望地寄往各地的报纸杂志。遗憾的是，尽管他很用功，可他从来没有一篇文章得以发表，甚至连一封退稿信都没有收到过。

29岁时，他总算收到了第一封退稿信。那是一位他多年来一直坚持投稿的一家刊物的编辑寄来的，信里写道："看得出你是一名很努力的青年，但我不得不遗憾地告诉你，你的知识面过于狭窄，生活经历也显得过于苍白，不过我从你多年的来稿中发现，你的钢笔字越来越出色……"

他大悟，毅然放弃写作，而转向练起了钢笔书法，果然长进很快，现在他已是有名的硬笔书法家。

一个人要想成功，理想、勇气、毅力固然重要，但更重要的是，在错综繁复的人生路上，如遇到迷途，要懂得舍弃，更要懂得转弯！

牛顿早年就是永动机的追随者。在进行了大量的实验之后，他很失望，于是他很明智地退出了对永动机的研究，在力学中投入更大的精力。最终，许多永动机的研究者默默而终，而牛顿却因摆脱了无谓的研究，而在其他方面脱颖而出。

可能人们都好犯这样一个毛病，我们往往只喜欢提事情的辉煌一面，而不愿提及失败，甚至是回避失败，这是很危险的一种方法。当一批批"执着"者踏上一次次失败之旅的时候，你是否意识到：原来我们被"坚持就是胜利"这样的谎言欺骗了！它至少掩盖了一个客观事实：成功是各种因素合力的结果，而不仅仅在于坚持下去的信念。

人 生 感 悟

　　不会的就放弃不做，与其越做越糟，还不如潇洒放弃。抱残守缺无疑是对生命的一种浪费。前面总会有更好的风景在等待着我们去欣赏，何必执着于死角？

你最喜欢的就是世上最好的

　　一天，一个终日愁苦的青年去拜见一位大师以求得到快乐的良方。大师说："只有世界上你认为最好的东西才能使你快乐。"

　　于是，他辞别妻儿，踏上了寻找世界上最好的东西的漫漫旅途。

　　第一天，他遇见了一位重病患者，他问："你知道世界上最好的东西是什么吗？"病人恹恹地说："那还用问吗？是健康的体魄。"青年想，健康？我每天都拥有，算不上世界上最好的东西。

　　第二天，他遇见了一个正玩耍的孩童，他问："你知道世界上最好的东西是什么吗？"

　　孩童想了想，说："是一大堆玩具啊。"这个人摇了摇头，继续去寻找世界上最好的东西。

　　接着，他又先后遇到了一个老者、一个商人、一个画家、一个囚犯、一个母亲和一个女孩。

　　老者说："年轻是世界上最好的东西。"

　　商人说："利润是世界上最好的东西。"

　　画家说："色彩是世界上最好的东西。"

　　囚犯说："自由是世界上最好的东西。"

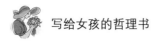

母亲说："我的宝贝孩子是世界上最好的东西。"

女孩说："我爱过一个青年，他脸上那灿烂的笑容是世界上最好的东西。"

唉！没有一个回答令他满意。

失望的他继续走啊走啊，最后，他穿过熙熙攘攘的人群，带着五花八门的"答案"又回到了大师那里。

大师见他回来了，似乎知道了他的遭遇和失望，微笑着说："先不要去追究你的问题，它永远不会有一个确切而唯一的答案。你现在考虑这样一个问题——把你最喜欢的东西和情景找出来，告诉我。"

此时，青年饥寒交迫、蓬头垢面。他想了一会儿，对大师说："我出门很多天了，我想念我亲爱的妻子和可爱的孩子，想念一家人冬夜里围着火炉谈笑聊天的情景……"说到这里，他长叹一声："那是我现在最喜欢的东西啊！"

大师拍了拍他的肩，说："回去吧！你最好的东西在你的家里，它们可以使你快乐起来。"

青年疑惑地问："可我就是从那里走出来的啊！"

大师笑了，说："你出来之前，不知道自己喜欢什么东西；你出来之后——比如现在，你已经知道自己喜欢什么样的东西了。"

青年醒悟。

每个人的心目中，关于最好的、最快乐的答案各不相同，但有一点是相似的：最喜欢的，即是世上最好的。

人 生 感 悟

快乐的标准不一。无论是你拥有的还是未曾拥有的，复杂的还是简单的，便宜的还是昂贵的，实在的还是虚无的，只要你喜欢，它就是最好的。

不同的选择，不同的人生

一天，在一座监狱门前，站着3个人。他们将一起在这里度过3年的时光。监狱长允许他们3个一人提一个要求。

那个美国人爱抽雪茄，要了3箱雪茄；

那个法国人非常浪漫，要了一个美女为伴；

而那位犹太人却提出，他要一部能够和外界沟通的电话。

3年很快就过去了。

第一个冲出来的是美国人，嘴巴和鼻孔里都塞满了雪茄，一边跑，一边大声地嚷嚷："给我火，给我火！"原来他进来的时候忘了跟监狱长要火了。

接着，那个法国人也和他的美人出来了。他左手抱着一个小孩，右手和那位美女共同牵着一个小孩。美女挺着个大肚子，里边还怀着一个小孩。

最后出来的是那位犹太人，他快步来到监狱长的面前，紧紧地握住监狱长的手说："太感谢您了！在这里我学到了更多的、更新的经商理念。这3年来，我能够时刻与外界保持联系，生意不但没有停顿，利润反而增长了两倍。"

这位犹太人挺了挺胸膛说："为了表示感谢，我送你一辆奔驰！"

人 生 感 悟

故事虽然有点夸张，但所阐述的道理都异常深刻。每个人的一生都会面临种种选择，因为谁都明白鱼与熊掌不可兼得。在做出自己的决定前一定要慎重，以免一失足成千古恨。

面对抉择，犹豫是对生命的耗竭

那时他还年轻，凡事都有可能，世界就在他的面前。

一个清晨，上帝来到他身边："你有什么心愿吗？说出来，我都可以

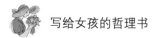

为你实现，你是我的宠儿。但是记住，你只能说一个。"

"可是……"他不甘心地说，"我有许多心愿啊！"

上帝缓缓地摇头："这世间的美好实在太多，但生命有限，没有人可以拥有全部，有选择，就有放弃。来吧，慎重地选择，永不后悔。"

他惊讶地问："我会后悔吗？"

上帝说："谁知道呢。选择爱情就要忍受情感的煎熬，选择智慧就意味着痛苦和寂寞，选择财富就有钱财带来的麻烦。这世上有太多的人在走了一条路之后，懊悔自己其实该走另一条道儿。仔细想一想，你这一生真正要的是什么？"

他想了又想，所有的渴望都纷至沓来，在他周围飞舞。哪一件是他不能舍弃的呢？

最后，他对上帝说："让我想想，让我再想想。"

上帝说："但是要快一点啊，我的孩子。"

从此，他的生活就是不断地比较和权衡。他用生命中一半的时间来列表，用另一半的时间来撕毁这张表，因为他总发现他有所遗漏。

一天又一天，一年又一年。他不再年轻，他老了，他更老了。上帝又来到他面前："我的孩子，你还没有决定你的心愿吗？可是你的生命只剩下5分钟了。"

"什么？"他惊讶地叫道，"这么多年来，我没有享受过爱情的快乐，没有积累过财富，没有得到过智慧，我想要的一切都没有得到。上帝啊，你怎么能在这个时候带走我的生命呢？"

5分钟后，无论他怎么痛哭求情，上帝还是满脸无奈地带走了他。到后来许多人都说，他其实还在这世间活着。

人 生 感 悟

没有最好，只有更好。当机会来临时，一味追求完美的心态反而会导致错失良机。

控制好自己的欲望

　　现今的社会是一个科技发达、物质丰富、充满竞争的社会，我们心中的欲望，常被挑逗得像是看见红色斗篷的斗牛；他人暴富的经历，更让我们血脉贲张，跃跃欲试；时尚名牌漫天飞，哪能心如止水；美女香车招摇过，你的心早已蠢蠢欲动；更不能忍受的是别墅洋房的诱惑……因此，太多的时候，我们会被世上的名利、金钱、物质所迷惑，心中只想得到，只想将其统统归于己有，而不想舍弃，更舍不得放下。于是心中就充满了矛盾、忧愁、不安，心灵上就会承受很大的压力，以至于活得很累、很累。

　　据说上帝在创造蜈蚣时，并没有为它造脚，但是它仍可以爬得像蛇一样快。有一天，它看到羚羊、梅花鹿和其他有脚的动物都跑得比自己快，心里很不高兴，便嫉妒地说："哼！脚多，当然跑得快。"于是它向上帝祷告说："上帝啊，我希望拥有比其他动物更多的脚。"

　　上帝答应了蜈蚣的请求，他把好多好多的脚放在蜈蚣面前，任凭它自由取用。蜈蚣迫不及待地拿起这些脚，一只一只地往身体上粘，从头一直粘到尾，直到再也没有地方可粘了，它才依依不舍地停止。

　　它心满意足地看着满是脚的躯体，心中暗暗窃喜："现在我可以像箭一样地飞出去了！"但是等它开始要跑时，才发觉自己完全无法控制这些脚。这些脚噼里啪啦地各走各的，它非得全神贯注，才能使一大堆脚顺利地往前走。这样一来它反而比以前走得慢了。

　　一批又一批人前赴后继地把自己绑上欲望的战车，纵然气喘吁吁也不得歇脚。不断膨胀的物欲、工作、责任、人际、金钱几乎占据了现代人全部的空间和时间，许多人每天忙着应付这些事情，几乎连吃饭、喝水、睡觉的时间都没有。

　　人不能没有欲望，没有欲望就没有前进的动力；但人却不能有贪欲，因为，贪欲是无底洞，你永远也填不满它，贪欲只会给你带来无穷无尽的烦恼和麻烦。

在现代社会，如何控制好自己心中的欲望，不仅关系到脚下的人生，更关系到我们每日的心情。生命属于个人，每个人有权设计自己的生活和人生道路。所有的心愿，只要符合法律和道德的要求，都应该受到尊重。但是我们必须明白：生命的过程中，一切物质及肉体都是不可靠的奴仆，想让自己的人生得以升华，就必须放下这些本性之外的东西，去追求生活本身的淳朴，这样才能活得惬意，活得洒脱。

是啊，我们有必要把生活弄得那么复杂吗？简单才是生活的真谛。可是，现实生活中，这样的人却不在少数，他们常常把本来非常简单的事情想得很复杂。他们的痛苦源自对追求丧失了信心，不清楚应该如何安排自己的生活。

一个追求简洁而又善于放松自己的懒人常常能拥有充实的人生。一个人如果追求复杂而奢侈的生活，则苦难没有尽头，贪欲无度就会烦恼不断，毫无快乐可言。

人 生 感 悟

这个世界有太多的诱惑，因此有太多的欲望。一个人需要以清醒的心智和从容的步履走过岁月，他的精神中必定不能缺少淡泊。虽然我们渴望成功，渴望生命能在有生之年画出优美的轨迹，但我们真正需要的是一种平平淡淡的快乐生活，一份实实在在的成功。这种成功，不必努力苛求轰轰烈烈，不一定要有那种揭天地之奥秘，救万民于水火的豪情。只是一份平平淡淡的追求足矣！

欲望背后是陷阱

法国杰出的哲学家卢梭用一句特别经典的话形容现代人的物欲，他说："10岁时被点心、20岁被恋人、30岁被快乐、40岁被野心、50岁被贪婪所俘虏。人到什么的时候才能只追求睿智呢？"的确，人心不能清净，是因为物欲太盛。人生在世，不能没有欲望。然而，物欲太强，你就会沦为欲望的仆人，一生也不会轻松。

从前，一个想发财的人得到了一张藏宝图，上面标明了在密林深处的一连串宝藏。他立即准备好了一切旅行用具，特别是他还找出了四五个大袋子用来装宝物。一切就绪后，他进入了那片密林。他斩断了挡路的荆棘，蹚过了小溪，冒险冲过了沼泽地，终于找到了第一个宝藏，满屋的金币熠熠夺目。他急忙掏出袋子，把所有的金币装进了口袋。离开这一宝藏时，他看到了门上的一行字："知足常乐，适可而止。"

他笑了笑，心想，有谁会丢下这闪光的金币呢？于是，他没留下一枚金币，扛着大袋子来到了第二个宝藏，出现在眼前的是成堆的金条。他见状，兴奋得不得了，依旧把所有的金条放进了袋子，当他拿起最后一条时，上面刻着："放弃了下一个屋子中的宝物，你会得到更宝贵的东西。"

他看了这一行字后，更迫不及待地走进了第三个宝藏，里面有一块磐石般大小的钻石。他发红的眼睛中泛着亮光，贪婪的双手抬起了这块钻石，放入了袋子中。他发现，这块钻石下面有一扇小门，心想，下面一定有更多的东西。于是，他毫不迟疑地打开门，跳了下去，谁知，等着他的不是金银财宝，而是一片流沙。他在流沙中不停地挣扎着，可是他越挣扎陷得越深，最终与金币、金条和钻石一起长埋在了流沙下。

如果这个人能在看了警示后离开的话，能在跳下去之前多想一想，那么他就会平安地返回，成为一个真正的富翁了。知足，从某种意义上来讲，给了自己一个生存的空间，给了自己一条走向成功的道路……

物质上永不知足是一种病态，其病因多是权力、地位、金钱之类引发的。这种病态如果发展下去，就是贪得无厌，其结局是自我爆炸、自我毁灭。

托尔斯泰曾讲过这样的故事：有一个人想得到一块土地，地主就对他说，清早，你从这里往外跑，跑一段就插个旗杆，只要你在太阳落山前赶回来，插上旗杆的地都归你。那人就不要命地跑，太阳偏西了还不知足。太阳落山前，他是跑回来了，但已精疲力竭，摔个跟头就再没起来。于是有人挖了个坑，就地埋了他。牧师在给这个人做祈祷的时候说："一个人要多少土地呢？

就这么大。"正像《伊索寓言》里所说的："有些人因为贪婪，想得到更多的东西，却把现在所有的也失掉了。"

唐代伟大的文学家柳宗元曾写过一篇名为《蝜蝂传》的散文，文中说，有一种善于背负东西的小虫虫蝜蝂，行走时遇见东西就拾起来放在自己的背上，高昂着头往前走。它的背发涩，堆放到上面的东西掉不下来。背上的东西越来越多，越来越重，不停止的贪婪行为，终于使它累倒在地。

人赤条条地来去于这个世界上，不可能永久地拥有什么。当你煞费心机所获取来的又在自己赤条条地离开之前交给他人的时候，那将是怎样的一种心态呢！相反，假使我们能对我们现有的一切感到满足，那么，我们便会洒脱得自得其乐，幸福也在其中。所以有人提出："人生是这样的短暂，我们纵然身在陋巷，也应享受每一刻美好的时光。"

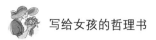

人 生 感 悟

宋学大家程颐曾说过："一念之欲不能制，而祸流于滔天。"古往今来，贪婪成性的大有人在，因贪婪而身败名裂，甚至招致杀身之祸的人就更是不胜枚举了，而驱使他们作出种种抉择的唯一动力便是贪婪的心态。

幸运，需要换一种思维

在不甘平庸、善用大脑的人那里，没有什么是不可能的。人生中，答案、方法总会多于难题、困厄。开动大脑，用心寻求方法，人生中一切的危机将不足为惧。走出思维定式，将可以看到无数别样的人生风景，甚至可以创造新的奇迹。时常让头脑转弯的人，总是最先追上幸运女神。

危机没有脑子快

一位成功学大师曾说："方法总比问题多。"的确，不是有些事情难以做到，而是因为我们没有用心去找方法解决困难。

让我们成为一个积极寻求方法的人吧，这样会帮助我们在工作中尽快脱颖而出，成为一个真正卓越的人。

我们不妨先来看下面一个故事。

1793 年，守卫土伦城的法国军队叛乱。叛军在英国军队的援助下，将土伦城护卫得如铜墙铁壁一般。前来平息这次叛乱的法国军队怎么也攻不下。因为土伦城四面环水，且有三面是深水区。

英国军舰就在水面上巡弋着，只要前来攻城的法军一靠近，就猛烈开火。法军的军舰远远不如英军的军舰，根本无计可施，法军指挥官急得团团转。

此刻，在平息叛乱的队伍中，一位年仅 24 岁的炮兵上尉灵机一动，当即用鹅毛笔写下一张纸条，交给指挥官："集中兵力攻占港湾西岸的要塞，夺取海角，然后集中大量火炮，拦腰轰击英国军舰，以劣胜优！"

指挥官一看，连连称妙。

果然，猛烈的炮火使英国舰艇无法阻挡。仅仅两天时间，原来把土伦城护卫得严严实实的英军舰艇就被轰得七零八落，不得不狼狈逃走。叛军见状，也很快缴械投降。

事后，这位年轻的上尉被破格提升为炮兵准将。

他就是后来成为法国皇帝、威震世界的拿破仑。

和许多卓越的人一样，拿破仑的成功在相当程度上是在关键的时候开动了脑筋，为指挥官找到了突破困难的方法。就这样，他才走上了一个有高度的新起点。他后来每一步的升迁，几乎都和他善于运用智慧突破困难的惯常做法有关。

如果我们也想成为卓越的人，取得人生的辉煌事业，就请行动起来，运用智慧向前进路上的一个个困难挑战吧！

人 生 感 悟

天无绝人之路。人生中，答案、方法总会多于难题、困厄。开动大脑，用心寻求方法，人生中一切的危机将不足为惧。

多想一步，一切皆有可能

许多时候，多用一下大脑，生活中会出现种种惊人的奇迹。

下班后，一家百货公司的经理去检查他的一个新售货员："你今天服务了多少个顾客？""1 个。"售货员回答。"只有 1 个？"经理说，"你的营业额是多少呢？"售货员回答："5 万美元！"经理大吃一惊，让他解释一下。

"首先我卖给他一个鱼钩，然后卖给他渔竿和渔线。接着我问他在哪儿钓鱼，他说在海滨，于是我建议他应该有只小汽艇，于是他买了一条 20 英尺（约 6 米）长的快艇。当他说他的轿车可能无法带走快艇时，我又带他到汽车部，卖给他一辆大一点儿的汽车……"

经理惊讶地说："你卖了这么多东西给一位只想买一个鱼钩的顾客？"

售货员回答："不，他只是为治他妻子的头痛来买一瓶阿司匹林的。我告诉他，夫人的头痛，除了服药外，似乎更应该注意放松。周末快到了，你可以考虑去钓鱼！"

跳出以自我为中心的思维模式，从别人的角度去考虑问题，自己也有可能得到意想不到的收获。

安德鲁·福克斯年轻时最热衷的就是出入纽约高档俱乐部，为省钱，他想方设法去蹭票。直到有一天他突然问自己：为什么不直接与俱乐部老板协商，给那些热衷于过夜生活又想省钱的消费者优惠待遇呢？没想到这一简单的主意给他带来了巨额财富。

今天，人们通过他的网站不仅可以享受到美国各大俱乐部的优惠服务，还能找到各地的旅游信息。2005 年，他的网站的营业额已达到 2200 万美元。

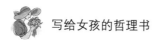

1983年，年幼的约瑟夫·萨姆皮维夫患上了糖尿病，不能吃含糖量大的冰淇淋。为了解馋，他为自己做了个不含糖的冰淇淋。15岁时，他已经研制出好几种不含糖的甜点。

在美国，胖人很多，这种低糖食品非常受欢迎，约瑟夫尝试着把自己研制的甜点拿去卖，取得了巨大成功。如今这位年轻的企业家已开发了40多种无糖食品，畅销全美，每年的销售额超过1亿美元。

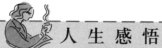

人 生 感 悟

在不甘平庸、善用大脑的人那里，没有什么是不可能的。

凡事不三思，
就会掉进思维的陷阱中

生活中，许多人面对问题，常不假思索，以为不过如此。少一份冷静，少一点留心，少一些质疑，我们极易掉进思维的陷阱。

据说，国际象棋是古代印度舍罕王的宰相西萨发明的。他把这个有趣的娱乐品进贡给国王。舍罕王大喜之余，打算重赏西萨。西萨向国王请求说："陛下，我想向您要一点粮食，然后将它们分给贫穷的百姓。"

国王满意地点点头。

"请您派人在这张棋盘的第一个小格内放上一粒麦子，在第二格放两粒，第三格放四粒……照这样下去，每一格内的数量比前一格增加一倍。陛下啊，把这些摆放在棋盘上的所有64格的麦粒都赏赐给您的仆人吧！我只要这些就够了。"国王听后，不屑一顾，便许诺了这个看起来微不足道的请求。

当时，所有在场的王公大臣一想到仅用一小碗麦粒就能填满棋盘上的十几个方格，都禁不住笑了起来，连国王也认为西萨太傻了。

随着放置麦粒的方格不断增多，搬运麦粒的工具也由碗换成盆，又由盆换成箩筐。即使到这个时候，大臣们还是笑声不断，直至有人提议不必如此费事了，干脆装满一马车麦子给西萨就行了！

渐渐地，喧闹的人们突然安静下来，大臣和国王都惊诧得张大了嘴：因为，即使倾全国所有，也填不满下一个格子了。

今天，我们都知道事情的结局：国王无法实现自己的承诺。这是一个天文数字！这么多的麦粒相当于全世界 2000 年的小麦的产量。

可见，很多时候，自作聪明只会招致麻烦和懊悔。古人说，三思而后行，这并非胆小怕事、瞻前顾后，而是成熟、负责的表现。

人生之中不免遭遇种种难题，这时，我们必须要进行全方位的考虑，拿不准时多听听他人的意见，也有好处。

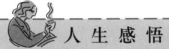

人 生 感 悟

古人说，"凡事须三思而行"。在说话、行动前多思考，这样的人才有希望打开命运之锁，闯入幸运之门。

此路不通，
也许转个弯就是阳光道

一个喝醉酒的人，走出酒店时，天色已经很晚了。他跟跟跄跄地寻找着回家的路。

他看见一条弯弯曲曲的路，就醉醺醺地朝前走。忽然"咚"的一声，头撞到了一个硬邦邦的东西上面，他被撞得两眼直冒金星。

他朝后退了两步，抬头一看，原来是一块路标，上面写着"此路不通"。

醉汉眨了眨眼，定了定神，又糊里糊涂走了一会儿，他又来到了这块路标前，不小心"咚"地又把头撞得很疼。

他朝后退了两步，抬起头一看，原来又是一块路标，上面仍写着"此

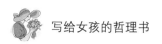

路不通"。醉汉定了定神又糊里糊涂地走了起来，走着走着，头又被"咚"的一声撞痛了。

原来，他又来到了这块标牌前，然而醉汉并不知道。

他摸摸头上撞出的疙瘩，稳了稳神，又继续走路。

走着走着，头又被"咚"的一声碰痛了。

他朝后退了几步，抬头一看，又是一块路标，上面还是写着他熟悉的字："此路不通"。

"天哪，我被围住啦！"醉汉绝望地喊道。

世上之人，如醉汉者实在太多。他们只知道自己多次碰壁，以为无路可走了，然而却不知道自己只是在同一条路上绕弯。

人生感悟

中国人习惯说"天无绝人之路"、"车到山前必有路"，希望的念头犹如一粒看似柔弱的种子，但只要一旦在心中种下，无论外界是一片沃土还是贫瘠得让人心冷的荒原，最终都会发芽、开花、结果。

就算我们的人生在某一个时期被告知"此路不通"，我们依然要怀有"柳暗花明又一村"的信念。

创新，你的世界才有突破

在这个世界上，很多富翁、成功人士原本跟我们常人没什么不同，只是多了些敢于第一个干的勇气。活在世上，我们大多数人都渴望成功，我们不断追寻、不断期盼机会从眼前经过，可是又有多少人能抓住它呢？机会也需要我们有一双善于发现新事物的眼睛，一颗勇于创新的心脏，一个善于创新的头脑。

波奇曾从事过沉船寻宝工作，在遭遇那只高尔夫球之前，他的日子过得很平凡。

一天，他无意中看到一只高尔夫球因为打球者动作的失误而掉进湖水中，雾时，他仿佛看到了一个机会。他穿好潜水服，跳进了高尔夫球场的水障湖中。

他惊讶地发现，湖底散落堆积了成千上万只高尔夫球。这些球大部分都跟新的没什么区别。球场经理看了这些球后，答应以 10 美分一只的价钱收购。他这一天捞了 2000 多只，得到的钱相当于他 1 周的薪水。干到后来，他每天把球捞出湖面，带回家去让雇工洗净、重新喷漆，然后包装，按新球价格的一半出售。

不久，其他的潜水员闻风而动，从事这项工作的人多了起来，波奇干脆从他们手中收购这些旧球，每只 8 美分，每天都有 8 ~ 10 万只这样落在水障湖里的高尔夫球送到他的公司。现在，他的高尔夫球回收利用公司每年的收入已达 800 多万美元。

对于掉入湖中的高尔夫球，别人看到的是失败和沮丧，波奇说："我主要是从别人的东西中获得益处的。"

生活中，每个人都有赢得宝藏的机会。但是，机会往往垂青那些有创新精神的人。只有敢于第一个吃螃蟹的人，才会抢占先机，想出别人没有想出的点子，也只有他们才能取得成功。

人 生 感 悟

不敢越雷池一步，就永远跳不出条条框框的制约。敢于创新，会让你与众不同。

冲出思维定式，方有别样风景

生活中，大多数人遭遇问题时，总是自觉不自觉地沿着以往熟悉的方向和路径进行思考，而不会另辟新路，这叫思维定式。它是人生突围的思想枷锁，是一种愚顽的"难治之症"。

一天，著名的科学家爱因斯坦应邀去斯坦福大学演讲，学生们都兴奋异常，大家都想从这位伟人身上发现些值得自己学习的东西。于是，他们每

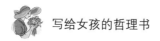

个人都准备好了笔记本，以便记下这位伟人的每一句教诲。

然而，和人们想象的不同，爱因斯坦先生没有带演讲稿，甚至连一支笔也没带。

演讲开始了，爱因斯坦却没有像其他人那样开始长篇累牍地讲述自己的成功经历，而是给学生们出了一道题。

他说："有两位工人，他们同时从烟囱里爬了出来，一位是干净的，一位是肮脏的。请问他们谁会去洗澡？"

学生们纷纷回答："当然是肮脏的工人会去洗澡。"

爱因斯坦反问道："是吗？干净的工人看到肮脏的工人，他会认为自己身上一定也很脏；而肮脏的工人看到干净的工人，可能就不这么想了。我再问问你们，哪个工人会去洗澡？"

接下来有学生马上说：

"干净的工人会去洗澡。"

在场的所有同学一致点头，都认同了这一答案。

爱因斯坦一笑："你们又错了，理由很简单，两个工人同时从烟囱里爬出来，怎么可能一个是肮脏的而另一个却是干净的呢？"他接着说："其实人与人之间并没有太大的差别，尤其是你们这些坐在同一间教室里、受着相同教育、学习又都非常努力的年轻人，你们之间的知识差异更是微乎其微。有的人之所以最终能脱颖而出，是因为他们没有因循前人的足迹，而要想做个与众不同的人，就必须跳出习惯的思维定式，抛开人为的布局，敢于去怀疑一切。'世上没有绝对的真理'，这就是我要对你们说的所有的话。"

大师的演讲无比精彩，他告诫我们：幸福、成功，需要更新头脑。

比如我们都看魔术表演，其实并非魔术师有什么特别高明之处，而是我们的思维过于因袭习惯思维的惯性，想不开，想不通，所以上当了。比如人从扎紧的袋里奇迹般地出来了，我们总是习惯于想他怎么能从扎紧的布袋上端出来，而不会去想想布袋下面可以做文章，下面可以装拉链。

在人生旅途中，我们总是经年累月地按照一种既定的模式运行，从未尝试走别的路，这就容易衍生出消极厌世、疲沓乏味之感。所以，不换思路，生活也就乏味。

不少人走不出思维定式，所以他们走不出宿命般的可悲结局；而一旦走出了思维定式，也许可以看到许多别样的人生风景，甚至可以创造新的奇迹。因此，从舞剑可以悟到书法之道，从飞鸟可以造出飞机，从蝙蝠可以联想到电波，从苹果落地可悟出万有引力……换个位置，换个角度，换个思路，也许我们面前将是一番新的天地。

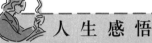

人 生 感 悟

走出思维定式，将可以看到无数别样的人生风景，甚至可以创造新的奇迹。

幸运需要换一种思维

在智者眼中，成功与幸福也有捷径可寻。

一位教授招了4个研究生，他们分别来自中国、俄罗斯、日本和美国。教授出了一道题：一只杯子里有非常贵重的液体，但杯壁上出现了一个漏洞，请问用什么办法使液体不流出来？

俄罗斯学生说用激光枪进行焊补；中国人说可以利用吸引力的原理发明一种吸嘴，吸上去很牢靠；日本人说只要把杯子斜放一下，液体就不会流出来；美国学生说，我没有去想办法，但我愿出50美元购买他们的点子。

美国学生看似没办法，但实际上是一种最好的方法。

他的做法，不由得让人想起比尔·盖茨的一番话来："在公司里，论编软件，自己编不过微软的高手，论经营比不过公司里的理财顾问，论管理比不过公司里的行政总管。如果把我们公司里顶尖的20个人才挖走，那么我告诉你，微软会变成一家无足轻重的公司。"看来一个智慧的成功者，是善于收罗众多智慧于一身者，是无功之功者。

在中国香港市场上，中国、泰国、澳大利亚的大米声誉不错。中国大米香，

泰国大米嫩，澳大利亚大米软。三者各有特色，各具优势。但奇怪的是，三者都销路平平，不见红火，或许是特色太突出而难以吊人胃口吧。一位米商很发愁，思考如何改变这种状况。

一天，米商突发奇想，将三种米混合起来如何？自家试着煮着吃，味道好极了。他如法炮制，自己"加工"出"三合米"，谁知得到了广泛的认同，赢得了一片好行情。

三米合一，十分简单，却耐人寻味。它的神奇之处在于共生共存，取长补短——三优相加长更长，三短相接短变长；三者杂处，长处互见，短处互补。

由此，我们可以想到鸡尾酒，想到酱醋辣的三味合一的调味品，想到农业上的复合肥，想到医药上的复方药……

第一次世界大战后，美国人华莱士面对越来越多的报纸杂志，产生了将各种报刊中最优秀文章的精华汇集在一本刊物里的想法，并很快付诸实施。《读者文摘》创刊后，深受欢迎，得到巨大成功，仅在美国就发行达近千万册，并翻译成 10 多种文字发行。这种办刊方法也为他人所效仿，在我国，目前此类报纸杂志已有数十种。

生活中，换一种眼光，换一个角度，幸运会不请自来。

人 生 感 悟

时常让头脑转弯的人，总是最先追上幸运女神。

找对方法，方可走出死胡同

人们常说："找对方法做对事。"只有善于主动思考、掌握方法的人，才可能在困境中获得人生的转机。

有这样几个故事：

故事一：

第二次世界大战时，一位美军反间谍部门的高级教官被德军俘虏。德国人软硬兼施，都不能从他口中挖出什么信息，便将他送到一所德国的间谍学校，强迫他听一个德国教官讲课。高傲的德国教官讲述的全是错误百出的东西。美国教官听得生气，便出来给学员们纠正德国教官的说法，并谈了美国情报机构的做法。于是，德国人轻松地达到了审讯中未达到的目的。

故事二：

有一位厂长，因工厂倒闭赋闲在家，一日他做了一顿饭，看到妻子享受他的服务时喜形于色，这位厂长灵机一动，既然老婆都乐于他的服务，那么昔日的职员们肯定乐于享受他的效劳！他果敢地走上街头，为行人和昔日手下的员工擦皮鞋。当昔日的下属和行人争先恐后地享受厂长大人为他们服务的同时，这位"下岗"的厂长腰包里又赚进了不少钞票。

故事三：

20世纪60年代，美国某汽车公司为了推销积压的汽车，把肉眼无法看到的刮痕用绷带贴着，犹如一块补丁，使车子的缺陷和毛病"昭然若揭"。而顾客都惊叹：如此微不足道的刮痕就当次品车，于是纷纷解囊，几百部积压车很快各归其主。

故事四：

某饭店气派豪华，富贵典雅。开张时，经理因看到一篇报纸的批评稿得到启发，推出了50万元一桌的宴席及每间达20万元的"总统套房"。这种令人咋舌的价码遭到了传媒和公众的激烈批评，一夜之间，该饭店臭名远扬。这时经理出面公开道歉，并大幅度降价，使得饭店宾客盈门。各地游客慕名而来，他们认为饭店迫于压力才如此"便宜"，自己省了钱还享受了"总统"待遇。实际下降后的费用并不低，经理赚了客人的钱还要使他们自鸣得意。

可见，在人生的死胡同中，学着跳出老脑筋、旧思维的束缚，从寻常事物的侧面、反面去思考、着手，成功的概率将成倍增大。

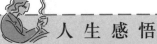

人 生 感 悟

生活中，许多人并不缺少热情和汗水，他们欠缺的是正确方法。"找对方法"是个人幸福生涯的重要资本。

漫无目的地努力，
只不过是原地打转而已

法国著名的自然学家约翰·亨利·费伯勒，曾用一些被称作"宗教游行毛虫"的小动物做了一次不同寻常的实验。这些毛虫喜欢盲目地追随着前边的一只毛虫，所以得了这个名字。

费伯勒很仔细地将它们放在一个花盆外的框架上并排成一圈，这样，领头的毛虫实际上就碰到了最后一只毛虫，完全形成了一个圆圈。在花盆中间，他放上松蜡，这是这种毛虫爱吃的食物。

这些毛虫开始围绕着花盆转圈。它们转了一圈又一圈，一小时又一小时，一天又一天，一晚又一晚。它们围绕着花盆转了整整七天七夜。最后，它们全都因饥饿而死。

一大堆食物就在离它们不远的地方，它们却一个个地饿死了。原因很简单，只是因为它们按照以往习惯的方式去盲目地行动。

费伯勒的笔记本里有这样一句话："在那么多的毛毛虫中，如果有一只与众不同，它就能改变命运，告别死亡。"

哈佛大学有一个非常著名的关于目标对人生影响的跟踪调查。对象是一群智力、学历、环境等条件都差不多的年轻人，当时的情况是：

27% 的人，没有目标；

60% 的人，目标模糊；

10% 的人，有清晰但比较短期的目标；

3% 的人，有清晰且长期的目标。

25 年的跟踪研究结果，他们的生活状况及分布现象十分有意思。

那些占 3% 者，25 年几乎都不曾更改过自己的人生目标。25 年来他们都朝着同一个方向不懈地努力，25 年后，他们几乎都成了社会各界的顶尖成功人士，他们中不乏白手创业者、行业领袖、社会精英。

那些占 10% 有清晰短期目标者，大都生活在社会的中上层。他们的共同特点是，那些短期目标不断被达成，生活状态稳步上升，成为各行各业的不可或缺的专业人士，如医生、律师、工程师、高级主管等。

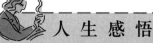

人 生 感 悟

没有目的，就做不成任何事情；目的渺小，就做不成任何大事。有人活着没有任何目标，他们在世间行走，就像河中的一棵小草，他们不是行走，而是随波逐流。

放飞你的思想，
变不可能为可能

大作曲家莫扎特还是学生时，曾和老师海顿打过一次赌。他说，他能写出一段曲子，老师准弹不了。

世界上竟会有这种怪事？在音乐殿堂早已功成名就的海顿对此岂能轻易相信。

见到老师疑惑不解的样子，莫扎特伏案疾书起来，很快便将一段曲谱交给了老师。

海顿未及细看便满不在乎地坐在钢琴前弹奏起来。但很快海顿就弹不下去了，他惊呼起来："这是什么呀？我两手分别弹响钢琴两端时，怎么会有一个音符出现在键盘中间位置呢？"

接下来海顿以他那精湛的技巧又试弹了几次，还是不成，最后无可奈何地说："真是活见鬼了，看样子任何人也弹奏不了这样的曲子了。"

显然，海顿这里讲的"任何人"其中也包括莫扎特。

只见莫扎特微笑着接过乐谱，坐在琴凳上，胸有成竹地弹奏起来，海顿也屏住呼吸留神观看他的学生究竟会怎样去弹奏那个需要"第三只手"才

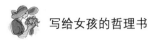

能弹出来的音符。

令老师大为惊喜的是，当莫扎特遇到那个特别的音符时，他不慌不忙地向前弯下身子，用鼻子点弹而就。

海顿禁不住对自己的高徒赞叹不已。

应邀访美的女作家在纽约街头遇见一位卖花的老太太。这位老太太穿着相当破旧，身体看上去很虚弱，但脸上满是喜悦。女作家挑了一朵花，说："你看起来很高兴。"

"为什么不呢？一切都这么美好。"

"你很能承担烦恼。"女作家又说。然而，老太太的回答令女作家大吃一惊。"耶稣在星期五被钉在十字架上的时候，那是全世界最糟糕的一天，可3天后就是复活节。所以，当我遇到不幸时，只要等待3天，一切就恢复正常了。"

人生并非尽是事事如意，总要伴随几多不幸，几多烦恼。我们从来就不应该承认与生俱来的命运。遇到不幸时，等待3天，一切也许就会恢复正常了。耐心是交好运的一个重要因素。

 人 生 感 悟

积极的思考有助于为思维打开另一扇窗，能够变不可能为可能。我们甚至可以说人类的一切智慧火花都是被思考的燧石击打出来的。

第七章

同生活讲和

生活可以简陋，却不可以粗糙，这是幸福生活的一种态度、一种境界。适合别人的不见得就适合你，你眼中别人的幸福或许于他正是一种苦难也未可知。找到最适合自己的生活方式，活出自己的味道，哪怕酸甜苦辣，也值得珍惜、品味。以饱满的热情去回馈生活，则日日是好日。

顺其自然，幸福捷径

建筑大师格罗培斯的迪士尼乐园，经过 3 年的精心施工，马上就要对外开放了，然而各景点之间的路该怎样连接还没有具体方案，格罗培斯心里十分焦躁。巴黎的庆典一结束，他就让司机驾车带他去地中海海滨。

经过法国南部的乡间时，这里漫山遍野都是当地农民的葡萄园。当他们的车子拐入一个小山谷时，他们发现那儿停着许多车子。原来这是一个无人看管的葡萄园，你只要在路边的箱子里投入 8 法郎就可以摘一篮子葡萄上路。据说这是当地一位老太太的葡萄园，她因无力料理而想出这个办法。谁知道这样一来在这绵延上百里的葡萄园里，她的葡萄总是最先卖完。这种给人自由、任其选择的做法使大师深受启发。

一返回住地，他便给施工部下达命令：撒上草种，提前开放。

在迪士尼乐园提前开放的半年里，草地被踩出许多小道，这些踩出的小道有宽有窄，优雅自然。第二年，格罗培斯让人按这些踩出的痕迹铺设了人行道。1971 年，在伦敦国际园林建筑艺术研讨会上，迪士尼乐园的路径设计被评为世界最佳设计。

这就是顺其自然的魔力。生活中，能够顺其自然的人，一定是豁达的、开朗的，我们应该也让自己豁达些，因为豁达才不至于让人钻牛角尖，才能乐观进取。

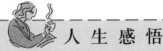

人 生 感 悟

顺其自然，云淡风轻，它是一种和谐的美丽、自如的幸福。

生活可以简陋，却不可以粗糙

对于生活，我们是选择邋遢、杂乱、粗糙，还是洁净、条理、精致？

读过式微笔下的一个故事，令人心有所动。

他读大学的时候，朋友的寝室里有一个从黄土高原来的青年。据说，他的家是常人无法想象的偏远和简陋。自然，还有贫穷。可是人们从这个青年身上，却是一点儿苦难的迹象都看不到。他的西装永远是那么笔挺，皮鞋永远都擦得那么亮……1.75 米的个头，配上方正的脸和直直的腰板，绝对看不出他是那个从偏远贫寒的窑洞里走出来的青年。他只有两件可替换的衣服，应季的鞋子都是只有一双，他甚至连个装衣服的几十块钱的箱子都买不起……可是他却总是那么有条不紊，那么干干净净，把自己收拾得有模有样。

后来，青年说，他的母亲经常对孩子们说的一句话是："生活可以简陋，但不可以粗糙。"她让穿着粗布衣服的孩子们在艰辛中明白什么是整洁与有序。他说，母亲的言行让他们知道，粗劣的土地上一样可以长出美丽的花。大家终于明白了为什么那个养育他成人的贫寒的窑洞里，会走出那么多有出息的孩子。他的哥哥已早早地去美国读书了，他的弟弟妹妹也都在不同的城市读大学了。

几年后，那个窑洞里走出的青年，就这样在大家赞叹的眼神中读完了研究生，携着爱他的美丽的都市姑娘到北京工作去了。听说，他的家庭生活和他的母亲一样，精致而又美丽。

同青年相比，许多人生活优裕，却毫无条理和精致可言，他们慵懒、随心所欲，日子过得一塌糊涂。不要说风度、优雅，连基本的日常起居都杂乱如麻。这样的人，"美丽的生活"常对其敬而远之。

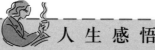

人 生 感 悟

生活可以简陋，却不可以粗糙，这是幸福生活的一种态度、一种境界。

适合自己的生活才是最好的

一天，闲着无事的上帝，突发奇想："假如让现在世界上每一位生存

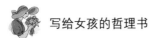

者再活一次，他们会怎样选择呢？"于是，上帝便给世界众生发了一份问卷让大家填写。

收回答卷后，结果令上帝大吃一惊：

蛇："假如让我再活一次，我愿做一只青蛙，处处受人类保护。我们呢，走到哪里，都要遭人毒打，还要吃我们的肉，活着有啥意思！"

青蛙："假如让我再活一次，我愿意做一条蛇，人见人怕，都躲得远远的。我们呢，本来登不得大雅之堂，现在却被人们想着法子吃，宴会酒席、饭店餐馆处处可见。"

猪："假如让我再活一次，我要当一头牛。生活虽然苦点，但名声好。我们似乎是傻瓜、懒惰的象征，连骂人也都要说'蠢猪'。"

牛："假如让我再活一次，我愿做一头猪。我吃的是草，挤的是奶，干的是力气活，有谁给我评过功，发过奖？做猪多快活，吃了睡，睡了吃，肥头大耳，生活赛过神仙。"

人的答卷最有趣。男人一律填写为："假如让我再活一次，我要做一个女人，上电视、登报刊、做广告、印挂历，多风光。即使是一个无业青年，只要长得俊，一阵银铃般的笑声，一句嗲声嗲气的撒娇，一个朦胧的眼神，都能让那些正襟危坐的大款们神魂颠倒。"

女人的答卷一律填写为："假如让我再活一次，一定要做个男人，经常出入酒吧、餐馆、舞台，不做家务，还摆大男子主义，多潇洒！"

这则寓言值得掩卷细品，它写出了世人常犯的毛病。

其实，不必总是对他人的生活眼红，也许自己的所有才是最好的、最合适的，因为身边的人也正艳羡着你呢！

人 生 感 悟

适合别人的不见得就适合你，你眼中别人的幸福或许于他正是一种苦难也未可知。找到最适合自己的生活方式，活出自己的味道，无论酸甜苦辣，也值得珍惜、品味。

走慢一些，幸福在你身旁

父子俩一起耕作一片土地。一年一次，他们会把粮食、蔬菜装满那老旧的牛车，运到附近的镇上去卖。但父子二人相似的地方并不多。老人家认为凡事不必着急，年轻人则性子急躁、野心勃勃。

一天清晨，他们套上了牛车，载满了一车子的粮食、蔬菜，开始了旅程。儿子心想他们若走快些，当天傍晚便可到达市场。于是他用棍子不停催赶牛车，要牲口走快些。

"放轻松点，儿子，"老人说，"这样你会活得久一些。"

"可是我们若比别人先到市场，我们便有机会卖个好价钱。"儿子反驳。

父亲不回答，只把帽子拉下来遮住双眼，在牛车上睡着了。年轻人很不高兴，愈发催促牛车走快些，固执地不愿放慢速度，他们在快到中午的时候，来到一间小屋前面，父亲醒来，微笑着说："这是你叔叔的家，我们进去打声招呼。"

"可是我们已经慢了半个时辰了。"儿子着急地说。

"那么再慢一会儿也没关系。我弟弟跟我住得这么近，却很少有机会见面。"父亲慢慢地回答。

儿子生气地等待着，直到两位老人慢慢地聊足了半个时辰，才再次启程，这次轮到老人驾牛车。走到一个岔路口，父亲把牛车赶到右边的路上。

"左边的路近些。"儿子说。

"我晓得，"老人回答，"但这边路的景色好多了。"

"你不在乎时间？"年轻人不耐烦地说。

"噢，我当然在乎，所以我喜欢看漂亮的风景，把时间都享受起来。"

蜿蜒的道路穿过美丽的牧草地、野花，经过一条清澈河流——这一切年轻人都视而不见，他心里翻腾不已，十分焦急，他甚至没有注意到当天的日落有多美。

他们最终也没有在傍晚赶到。黄昏时分，他们来到一个宽广、美丽的大花园。老人呼吸芳香的气味，聆听小河的流水声，把牛车停了下来。"我

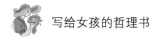

们在此过夜好了。"

"这是我最后一次跟你做伴，"儿子生气地说，"你对看日落、闻花香比赚钱更有兴趣！"

"对了，这是你这么长时间以来所说的最好听的话。"父亲微笑着说。

几分钟后，父亲开始打呼噜——儿子则瞪着天上的星星，长夜漫漫，儿子好久都睡不着。天不亮，儿子便摇醒父亲。他们马上动身，大约走了一里路，遇到一个农民正在试图把牛车从沟里拉上来。

"我们去帮他一把。"老人低声说。

"你想浪费更多时间？"儿子有点生气了。

"放轻松些，孩子，有一天你也可能掉进沟里。我们要帮助有所需要的人——不要忘了。"

儿子生气地扭头看着一边。

等到那辆牛车回到路上时，已是大天亮了。突然，天上闪出一道强光，接下来似乎是打雷的声音。群山后面的天空变得一片黑暗。

"看来城里在下大雨。"老人说。

"我们若是赶快些，现在大概已把货卖完了。"儿子大发牢骚。

"放轻松些……这样你会活得更久，你会更享受人生。"仁慈的老人劝告道。

到了下午，他们才走到俯视城镇的山上。站在那里，看了好长一段时间。两人都不发一言。

终于，年轻人把手搭在老人肩膀上说："爸，我明白您的意思了。"他把牛车掉头，离开了那从前叫作广岛的地方。

人 生 感 悟

天下熙熙皆为利来，天下攘攘皆为利往。古往今来，多少人争名于朝、争利于夕，殚精竭虑。但是，人之于宇宙，不过是一过客而已，所以，放慢你的脚步，你会发现前所未见的美景。

生活精致离不开品位

美国总统林肯的一位朋友，一次向林肯推荐一个人做阁员，林肯却没有用他。朋友问原因，林肯回答："我不喜欢他那副长相。"朋友不理解，说："这是不是太严厉了？他不能为自己天生的面孔负责呀！"林肯说："不，一个人到一定年龄就该对自己的脸孔负责。"林肯的意思是说，人的脸孔固然是天生的，但表情、神态却反映着一个人的内在气质。精于一艺或是完成某种事业之士，他们的容貌自然具有凡庸之士所没有的某种气质与风格。而要具有这种气质、风格或品位，就要注意在加强道德修养和文化学习的同时，从日常生活中的一点一滴小事做起，严格要求自己，保持仪态大方，服装整洁，说话文明，趣味高尚。

德国作家施瓦布说："一个人的品格，犹如一朵花的芳香。"我们要细心地呵护和培养自己高雅的品位，让它散发出愉快的芬芳。而这绝不是穿金戴银，啜几口上好咖啡，或开一辆大奔，出入几趟五星级酒店就能变得"品位"十足。一位智者说过："人格无法在市场上买到，必须孜孜不倦地塑造。"一个人品位的形成，如同吃中药，是慢慢调理出来的。我们看古今中外那些有着高尚人格和不俗品位的人，都是十分注意这一"塑造"和"调理"功夫的。

有品位的人一定有优美的风度，但是，风度的优美没有固定的模式。

各种各样的风度，有各种各样的优美。有的热情，有的文静；有的果断，有的谨慎；有的敏捷，有的庄重；有的温文尔雅，有的秀丽端庄；有的脉脉含情，有的含蕴深沉。

一身名牌并不是品位，品位蕴含在我们日常生活的精致中，而生活中的精致无处不在。

读大学的时候，朋友的寝室里有一个从遥远的山区来的青年小辉。据说，他要是回一次家，得先坐火车，再坐汽车，之后是马车，之后是背包步行……他的家是常人无法想象的僻远。

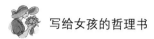

彼此都很熟了以后，小辉给我们讲他母亲的故事。透过他的讲述，我们看到了一个在困窘环境中生活着的瘦削美丽的母亲。她经常说的话是：生活可以简陋，却不可以粗糙。她给孩子做白衬衫、白边儿鞋，让穿着粗布衣服的孩子们在艰辛中明白什么是整洁有序。他说，母亲的言行让他和他的手足们知道，粗劣的土地上一样可以长出美丽的花。受母亲这种思想的影响，他的生活虽贫穷但很精致。

朋友说他终于明白，为什么那个养育他成人的窑洞里，会走出那么多有出息的孩子。

和小辉同一寝室的那位朋友，是在富裕家庭里长大的，他的父母生了5个孩子，只有他一个男孩。他来上大学，他的母亲一下子给他买了10套衣服，可是，没有一件给他穿出点儿模样来。他总是随随便便地一扔，想穿了就皱巴巴地套上，头发总是在早晨起来时变得"张牙舞爪"，怎么梳都梳不顺。一切都乱了套是他最习惯说的一句话。他总也弄不明白，住对床的室友，怎么每一天的日子都过得有滋有味。他的床上，横看竖看都是乱，而对面那张床，洗得发白的床单总是铺得整整齐齐。

这种点点滴滴生活中的精致，融入一个人的血液、生命、言行中，就形成高洁的品位，就显出非凡的教养，就透出慑人的高贵。这种精致的生活只在于我们的心灵和习惯，而不在于环境的优劣。这种精致的生活越是出自粗劣的环境，它所培养出的一个人的天生风骨就越震慑人，这个人也更是有了脱离粗劣环境的力量。因为一切都表明：他虽出身这样的环境，可他超越了这个环境，这个环境已配不上他了，他已属于更好的环境，他的一切已显示他该拥有更好的一切。

人 生 感 悟

生活的品位无处不在。整洁的书桌、干净的床铺、聆听一段音乐或鉴赏一件美术作品，均能让我们获得心灵的滋养，并提升自己的品位。

原谅生活，是为了更好地生活

人生在世，我们不必总跟自己过不去，也别跟生活过不去，没理由不滋润、不快活，关键是我们选择什么样的角度看生活与看自己。我们有我们的悲哀，生活有生活的难处，应当学会原谅生活。

宋代大诗人苏轼说："人有悲欢离合，月有阴晴圆缺，此事古难全。"古人有古人的悲哀，可古人很看得开，他把人世间的悲欢离合比作月的阴晴圆缺，一切全出于自然，其中有永恒不变的真理，它像一只无形的手在那里翻云覆雨，演绎着多姿多彩的世界，今人也有今人的苦恼，因为"此事古难全"。

苦恼和悲哀常常引起人们对生活的抱怨，哀自己的命运，怨生活的不公。其实生活仍然是生活，关键看你取什么角度。人生是什么？从某种意义上说，难道不像一场赌局吗？用你的青春去赌事业，用你的痛苦去赌欢乐，用你的爱去赌别人的爱。要不诗人顾城怎么会说："如果你觉得活得没意思了，那就该死了。"

每逢沮丧失落时，我们对一切感到乏味，生活的天空阴云密布，看什么都不顺眼，像 T 恤衫上印着的：别理我，烦着呢！生活中有很多时候我们心情不好。面对落榜，面对失恋，面对解释不清的误会，我们的确不易很快地超脱。但是人有逆反心理，只要你能想得开，忧郁就会被生气勃勃的憧憬所取代。烦些什么？你的敌人就是你自己，战胜不了自己，没法不失败；想不开、钻死胡同，全是自己所为。

人 生 感 悟

原谅生活有那么多阴差阳错，因为它要让你学会坚强、珍惜。生活在这个世界上，我们不得不怀着一颗宽大的心去原谅诸多人和事，原谅上天对人的不公，因为它总要去考验一些人、捉弄一些人……

每天都可以是好日子

有首古诗说："但愿此心春长在，须知世上苦人多。"现实中真的是有许多人感到自己活得很辛苦，生活中没有一点乐趣。正因为世人心中无"春"，所以才无快乐可言。其实人生是快乐的，只不过快乐深藏于心，不容易为人所发现而已。

荣启期在泰山，优哉游哉，鼓琴而歌，孔子路过，就问他为何会这等快乐？

荣启期回答道："天生万物，惟人为贵，我得为人，何不乐也？"

正如荣启期所说，生而为人即是一种快乐，快乐是人生的主题。只要我们用心去体会，以饱满的热情去对生活，就能快乐度过每一天。许多人抱怨生活太清苦，许多人到外界去寻求快乐，而对身边的美景熟视无睹，其实只要用心生活，身边就有感动你的美景。

在一个月朗气清的圆月之夜，一位高僧对弟子们说："十五以前的事情莫问，十五以后的事情，大家请说一句试试看。"

不等别人开口，高僧便满怀深情地说："日日是好日。"

天天都是好日子，每时每刻挖掘快乐之源。这是一种积极的人生态度，代表着一种开朗的生活方式，显示了一种健康的人格心理。有了这种心态，还有什么能够将你困住？

"日日是好日"的境界就是能够让你保持一种安详快活的心态。

我们所拥有的只是今日。当下的一刻，永远不再，但可以及时把握。珍视此刻,踏踏实实度过今天,如此"念念今日过今日"便能"日日是好日"。

不管季节晴雨，遭遇悲喜，只要脱离了执着、算计、企图等对未来的贪念，只管把今天过好，那么，日日是好日的理想就很容易实现。

晴时爱晴，雨时爱雨，有乐乐乐，无乐也乐。

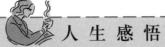

人 生 感 悟

　　快乐是生活的主题。用心去体会，以饱满的热情去回馈生活，则日日是好日。

对人生多一些反思，
生活会少一点盲目

　　一个名叫"我"的人做了个梦。

　　"我"在梦中见到了上帝。

　　上帝问"我"："你想采访我吗？"

　　"我"说："我很想采访你，但不知你是否有时间。"

　　上帝笑道："我的时间是永恒的。你有什么问题吗？"

　　"你感到人类最奇怪的是什么？"

　　上帝答道："他们厌倦童年生活，急于长大，而后又渴望返老还童；他们牺牲自己的健康来换取金钱，而后又牺牲金钱来恢复健康；他们对未来充满忧虑，但却忘记了现在；于是，他们既不生活于现在之中，也不生活于未来之中；他们活着的时候好像从不会死去，但是死去以后又好像从未活过……"

　　上帝握住"我"的手，"我"沉默了片刻。

　　"我"问道："作为长辈，你有什么生活经验要告诉子女的？"

　　上帝笑着答道："他们应该知道，不可能取悦所有人，他们所能做的只是让自己被人所爱；他们应该知道，一生中最有价值的不是拥有什么东西，而是拥有什么人；他们应该知道，与他人攀比是不好的；他们应该知道，富有的人并不拥有最多，而是需要最少；他们应该知道，要在所爱的人身上造成深度的创伤只要几秒钟，但是治疗创伤却要花几年的时间；他们应该知道，

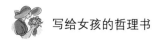

有些人深深地爱着他们，但却不知道如何表达自己的感情；他们应该知道，金钱可以买到任何东西，但却买不到幸福；他们应该知道，两个人看同一个事物，会看出不同的东西；他们应该知道，得到别人的宽恕是不够的，他们也应当宽恕自己；他们应该知道，我始终存在。"

人 生 感 悟

反思令人知得失、晓进退，不必总是马不停蹄地奔跑，偶尔停下来思考一下你的人生、生活，或许这样更能让你明白生活的真谛。

生命中最重要的不是昨天和
明天，而是今天

1871 年春天，一个蒙特端综合医院的医学生偶然拿起一本书，看到了书上的一句话，就是这句话，改变了这个年轻人的一生。它使这个原来只知道担心自己的期末考试成绩、自己将来的生活何去何从的年轻的医学院的学生，最后成为他那一代最有名的医学家。他创建了举世闻名的约翰·霍普金斯学院，被聘为牛津大学医学院的讲座教授，还被英国国王册封为爵士。他死后，用厚达 1466 页的两大卷书才记述完他的一生。

他就是威廉·奥斯勒爵士，而下面，就是他在 1871 年看到的由汤冯士·卡莱里所写的那句话："人的一生最重要的不是期望模糊的未来，而是重视手边清楚的现在。"

威廉·奥斯勒爵士曾在耶鲁大学做了一场演讲，他告诉那些大学生，在别人眼里，曾经当过 4 年大学教授，写过一本畅销书的他，拥有的应该是"一个特殊的头脑"，可是，他的好朋友们都知道，他其实也是个普通人。他的一生得益于那句话："人的一生最重要的不是期望模糊的未来，而是重视手边清楚的现在。"

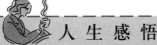

人 生 感 悟

对于我们每个生命个体而言，最重要的是把今天的事做好，而非为不切实际的虚幻未来担忧，也不是为了不可改变的昨天，我们只为今天而活。

远离抑郁，摆脱心灵的流感

有一名中年男子在他患抑郁症期间说了一段撼人心扉的话：

"现在我成了世界上最可怜的人。如果我个人的感受能平均分配到世界上每个家庭中，那么，这个世上将不再会有一张笑脸，我不知道自己能否好起来，我现在这样真是很无奈。对我来说，或者死去，或者好起来，别无他路。"

这名中午男子就是亚伯拉罕·林肯，作为美国第 16 任总统，林肯也未能幸免于抑郁症的折磨并且这种绝望困扰了他一生。虽然林肯能够预见自己的未来，知道自己会成为最受世人景仰的总统之一，但这丝毫不能减少他的抑郁。抑郁症是如此之顽固，它甚至可以毫无阻拦地闯入人们的生活，无论这个人拥有怎样的成就、社会地位、教育水平、财富、宗教信仰或文化。任何人都有患上抑郁症的可能。

抑郁症困扰世人已经有很长一段时间了，早在两千多年前的著作中就曾有人提及抑郁症患者，这些抑郁症患者中有很多是历史名人，包括国家元首、艺术家、作家、神职人员和科学家，当然，还有普通人。然而，幸运的是林肯最终走出了抑郁的状态，否则我们也不会看到后来名垂青史的一位伟大总统了。在当时没有心理医生的情况下，林肯竟琢磨出了对抗抑郁症的有效疗法——剪报。他感觉到国人对自己的期待和赞扬对治病很有用，便把报纸上的溢美之词剪下来随身携带。在心情抑郁的时候拿出来看一看，并最终克服了抑郁。

　　彼得·伊里奇·柴可夫斯基是 19 世纪末俄国最伟大的作曲家，也是浪漫主义运动最后阶段的悲观主义者。

　　柴可夫斯基是个忧郁症患者——不论他愿意不愿意承认，直到死前几个月，他还未能适应自己的性格。

　　有人说柴可夫斯基的音乐是痛苦的，而他的这些痛苦与他抑郁、痛苦的生命经历是有密切关系的。童年时的柴可夫斯基就表现出了忧郁、敏感、性格内向的特质，据他的家庭教师芳妮回忆说："他极其敏感，所以我必须小心地对待他，一点小事也会深深伤他的心。他像瓷器那样脆弱，对于他，根本不存在处罚的问题，对别的孩子来说根本不当回事的批评和责备，也会使他难过半天。"

　　青年时代起，他那敏感脆弱的性格，就深切地感觉到现实社会并不像他所希望的那样。他的怀疑主义和他那宿命论的思想，使他在落日的余晖里孤寂地去寻找对人生的妥协，音乐成了他蜗居斗室自我拯救的唯一生存方式。

　　在柴可夫斯基一生中，他的生活有种种不如意，种种波折让他忧郁不堪，而忧郁又让他更加走向痛苦。在柴可夫斯基一生中，几次精神崩溃时都想到了自杀。在令人厌烦的社交活动中，忧郁像鬼魂那般死死地与他纠缠。这种性格自然会表现在他的音乐创作上。他总能写出一些伤感情怀的旋律。这种又酸又苦的忧伤和哀愁，影响了他中后期的许多作品。然而，忧郁症在某种情形之下，会转化为与症状完全相反的狂躁症倾向。这种反差极大、两极摆动的精神断裂，间接造成柴可夫斯基音乐中的许多断裂。很多作品中的一些优美旋律，常常被粗暴地打断，接踵而来的往往是跌跌撞撞、迅疾跳跃的不稳定音型。过去的评论家只认为他不善于构造交响的逻辑大厦，只是听凭他的情绪系列的相互交替，而且把这种交替变成是一种性格上的对比。实际上，这并不是音乐结构的问题，而是音乐家的心理程序对作品程序的一种投射；是一种失去自我控制的断裂，而非局部和局部之间技巧性的衔接问题。尤其是在他晚年作品中，我们分明能感觉到那种响亮中的空虚，那种紧张中的惶恐，那种狂躁中的沮丧，那种虚假镇定中真正的绝望！

　　忧郁就好像透过一层黑色玻璃看一切事物。无论是考虑你自己，还是考虑世界或未来，任何事物看来都处于同样的阴郁而暗淡的光线之下。

一个成功的人应当是快乐的，而一颗快乐的心灵则必定是要健康的，因此甩掉忧郁的纠缠则是我们的共同目标。

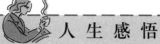

人 生 感 悟

抑郁被称为"心灵流感"。较长时间的抑郁会让人悲观失望、心智丧失、精力衰竭、行动缓慢。患了抑郁症的人长期生活在阴影中无力自拔，只有积极调整自己的心态，才能走出抑郁的阴霾，重见灿烂的阳光。

做事不可盲目冲动，
因为有时美丽的假象会欺骗你

一只美丽的蝴蝶在朦胧的暮色中飞来飞去，尽情地享受着傍晚的清凉。突然，远处的一座房子里透出了一点闪亮的灯光，好玩的蝴蝶旋即飞过去想看个究竟。当它飞进房子里的时候，看见窗台上亮着一盏油灯，灯光就是从油灯那燃烧的火焰上发出来的。蝴蝶一边好奇地打量着油灯，一边绕着油灯上下飞舞着，它觉得这陌生的东西真是漂亮迷人啊！

单是欣赏还不够，蝴蝶决定要跟亮眼的火花认识一下，还要和它一起游戏，就像平时在公园里坐在花瓣上荡秋千似的玩耍一会儿。

它转过身子，朝着灯焰直飞了过去。突然，蝴蝶觉得身上一阵剧烈的刺痛，而且有一股气流把它向上推去。心惊肉跳的蝴蝶赶紧在小油灯旁停了下来，它吃惊地发现：自己的一条腿不见了，那漂亮的翅膀也被烧了一个很大的洞。

"怎么会发生这样的事呢？"蝴蝶莫名其妙地问自己。它左思右想，一时找不到答案。它压根就不会相信，如此漂亮迷人的火花会给它带来灾难。

蝴蝶从震惊中渐渐地清醒过来，它主观地断定灯光是绝对不会伤害自

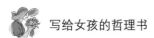

己的。它决心要和灯光交个朋友，好好地同它玩一玩。主意已定，蝴蝶就忍着剧痛，重新振翅飞了起来。

它围绕着油灯飞了好几个来回，始终觉得灯光丝毫也没有伤害自己的意思。于是，它放心大胆地向灯焰扑了过去，想在它上面荡秋千。谁知它一飞到火焰中，立即就跌进了油灯里。

"你太无情，太残酷了。"蝴蝶有气无力地对油灯说，"我看你是那样的迷人，一心想和你交个朋友，没想到你却是如此险恶狠毒。可惜我觉悟得太晚了，我为自己的愚蠢付出了代价！"

"可怜的蝴蝶！"油灯回答说，"不是我残酷无情，而是你自己太幼稚天真了，你把我当成了洒满月光的花朵，这难道是我的过错吗？我的使命是给人们带来光明，但是谁如果不了解我，不懂得谨慎地使用我，就会被我的火焰烧伤。"

人 生 感 悟

做事盲目冲动、感情用事常常会导致令人不能承受的严重后果。

冷静、理性理应成为我们的生活准则，用它们来指导我们做事往往会离成功较近。

第 八 章

会花钱的女孩才会赚钱

　　犹太人说："赚钱不难，用钱不易。"不懂得珍惜财富的人，也将轻易地丢失幸福。我们的生活就像旅行，思想是导游者，没有导游者，一切都会停止，目标会丧失，力量也会化为乌有。没有钱不可怕，但没有诚实、信用、奋斗、坚韧的精神，才是最可怕的。

金钱是一种给人力量，
也带来灾难的武器

钱，到底有什么魔力？为什么人们常说："钱不是万能的，但没有钱是万万不能的。"得到了金钱，就等于拥有幸福了吗？

曾获得 2600 万美元奖金的雪莉·加葛利亚德女士，在中奖 5 年后曾对记者说，她所学到的是："生命中最美好的事物是不能用金钱买到的。"

1991 年，年轻的雪莉与丈夫法兰克花 10 美元买彩票中了大奖。于是夫妇俩都辞了工作，买了奔驰车、钻石戒指并到各地旅游。后来，雪莉在她父母住宅附近买了一幢房子，以为今后可以安定地享福了。谁知，法兰克因为没有一个固定的工作变得迷惘起来。过去，他很爱惜家中的那辆摩托车，如今却要买旅行用多功能车和豪华游艇。于是夫妻俩在花钱方面经常发生争执。最后，他们终于在 1994 年离婚，家产和奖金各分一半。

在享受过豪华的生活后，雪莉自问："有一房子的古董和一大箱珠宝究竟有什么意义呢？"她花钱很节省，但在慈善捐款时则毫不吝啬。她说："这个世界是不完美的。在这个不完美的世界上，我宁可要美满的婚姻而不要钱。"

1988 年，宾夕法尼亚州的威廉·普斯特买彩票中了 1620 万美元的大奖，但不幸接踵而至。他的亲兄弟居然雇了一名杀手，企图杀死普斯特和他的妻子，目的自然是看中了他们的奖金。然后是他的妻子与他离婚，并带走了一半奖金。得奖 5 年后，普斯特便宣告破产了。为了破财免灾或资助他人，有些人在中奖后，干脆把奖金分给亲戚朋友，或捐给慈善机构。

1997 年，迈克·比尔在新泽西州中了 434 万美元的大奖。他的母亲菲丽丝对他提出控告，认为这笔奖金应由两人平分，因为这张奖券是由他们两人合买的。据他们的朋友说，他们母子两人的关系一向很好，并且经常一起出 20 美元来买奖券。且不说这一官司的结果如何，但迈克一定会因此而失去母爱。

这，就是金钱的威力，让人狂喜，又让人痛苦。

伟大的戏剧家莎士比亚在《雅典的泰门》中曾大发感慨：

金子！黄黄的、发光的、宝贵的金子！

这东西，只这一点点儿，

就可以使黑的变成白的，丑的变成美的；

错的变成对的，卑贱变成尊贵；

老人变成少年，懦夫变成勇士。

呵，你是可爱的凶手，

帝王逃不过你的掌握，

亲生的父子会被你离间！

你灿烂的奸夫，

淫污了纯洁的婚床……

钱就是货币，是一种充当一般等价物的特殊商品，它可以作为价值尺度、流通手段、储蓄手段、支付手段和世界货币等发挥作用，它可以用来购买其他任何商品。

难怪有人说："有钱能使鬼推磨。"在美国人安比尔斯编撰的《魔鬼辞典》中对金钱的诠释是："金钱是一种祝福，不过只有在离开它之后我们才能受益。金钱是有文化修养的标志，也是进入上流社会的通行证。"洛克菲勒说："这是我心爱的独生子，我非常喜欢他。"另一位美国大亨摩根则说："这是对辛劳与美德的奖赏。"

其实，钱并无美丑，重要的是我们如何去驾驭它。

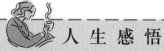

人 生 感 悟

苏联教育家、作家马卡连柯说："金钱是人类所有发明中近似恶魔的一种发明。"的确，金钱能做很多事，但它不能做一切事。

善待金钱，才有快乐、幸福

人生在世，如何对待金钱，为我们赢取幸福和快乐呢？

大文豪列夫·托尔斯泰所言："财富就像粪尿一样，堆积时会发出臭味，散布时可使土地变得肥沃。"

在犹太人中间，流传着这样一个故事：

一天，一个拥有无数钱财的吝啬鬼去他的拉比那儿乞求祝福。

拉比让他站在窗前，让他看外面的街上，问他看到了什么，他说："人们。"拉比又把一面镜子放在他面前，问他看到了什么，他说："我自己。"

拉比解释说，窗户和镜子都是玻璃做的，但镜子上镀了一层银子。单纯的玻璃让我们能看到别人，而镀上银子的玻璃却只能让我们看到自己。

金钱的危险性一览无余。金钱的魅力可以转移人的眼光、灵魂，难怪有人说："有些人是金钱的奴隶。"

美国石油大王洛克菲勒出身贫寒，在他创业初期，人们都夸他是个好青年。当黄金像火山流出岩浆似的流进他的口袋里时，他变得贪婪、冷酷。深受其害的宾夕法尼亚州油田地方的居民对他深恶痛绝。有的受害者做出他的木偶像，亲手将"他"处以绞刑，或乱针扎"死"。无数充满憎恶和诅咒的威胁信涌进他的办公室。连他的兄弟也十分讨厌他，并特意将儿子的遗骨从洛克菲勒家族的墓地迁到其他地方，他说："在洛克菲勒支配下的土地内，我的儿子变得像个木乃伊。"

然而，由于为金钱操劳过度，洛克菲勒的身体变得极度糟糕。医师们终于向他宣告一个可怕的事实，以他身体的现状，他只能活到50多岁；并建议他必须改变拼命赚钱的生活状态，他必须在金钱、烦恼、生命三者中选择其一。这时，离死不远的他才开始领悟到是贪婪的魔鬼控制了他的身心，他听从了医生的劝告，退休回家，开始学打高尔夫球，上剧院去看喜剧，还常常跟邻居闲聊，经过一段时间的反省，他开始考虑如何将庞大的财富捐给别人。

起初，人们不愿接受他的捐赠，即使是自视为宽容大度的教会也曾把他捐赠的"脏钱"退回，但诚心终归能打动人，渐渐地，人们接受了他的诚意。

1901 年，他设立了"洛克菲勒医药研究所"；1903 年，成立了"教育普及会"；1913 年，设立了"洛克菲勒基金会"；1918 年，成立了"洛克菲勒夫人纪念基金会"。

洛克菲勒一生之中共捐了 7.5 亿美元，他的捐助，不是为了虚荣，而是出自至诚；不是出于骄傲，而是出自谦卑。

他后半生不做金钱的奴隶，喜爱滑冰、骑自行车与打高尔夫球。他到了 90 岁，依旧身心健康，耳聪目明，日子过得很愉快。

他逝世于 1937 年，享年 98 岁。他死时，只剩下一张标准石油公司的股票，因为那是第一号，其他的产业都在生前捐掉或分赠给继承者了。

人 生 感 悟

哲学家史威夫特曾说过："金钱就是自由，但是大量的财富却是桎梏。"如果我们把金钱当作上帝，它便会像魔鬼一样折磨我们的身心。

做金钱的主人，
而非被它所奴役

近代闻名遐迩、学贯中西的大师钱钟书先生，一生没有过过穷日子，也没有发过什么财。

20 世纪 80 年代，美国普林斯顿大学邀请钱老讲学，开价 16 万美元，交通、住宿、餐饮免费提供，可偕夫人同往，钱钟书却拒绝了。

英国一家老牌出版社，得知钱老有一本写满了批语的英文大辞典，派人远渡重洋，叩开钱府的大门，许以重金，请求卖给他们，钱老却说："不卖！"

可是，有那么几次，钱老却有点"反常"。

1979 年冬，钱老收到四册《管锥编》的 8000 元稿费。钱老把钱分别装进两个纸袋，一边拍打着一边对夫人杨绛说："走，逛商场去！"钱钟书昂首挺胸，杨绛宛如保镖护驾，一边走一边提醒："注意提防小偷。"

钱钟书担任中国社科院院长期间，一次，给他开车的司机撞伤行人，找到钱老想借医疗费，钱老问明情况，说："需要多少？"司机答："3000元。"钱老说："这样吧，我给你 1500 元，不算你借，不用还了。"

不少人对钱先生不爱钱的做法很不理解，向他请教。

钱老说："我都姓了一辈子钱了，还会迷信钱这个东西吗？"他的洒脱、风趣，让世人汗颜。

当代作家贾平凹在《说花钱》中写道："钱的属性既然是流通的，钱就如人身上的垢痂，人又是泥捏的，洗了生，生了洗。"李白说："千金散去还复来。"守财奴全是没钱的。人没钱不行，而有人挣的钱多，有人挣的钱少，表面上似乎是能力的大小，实则是人的品种所致。蚂蚁中有配种的蚁王，有工蚁，也有兵蚁；狗不下蛋，鸡却下蛋，不让鸡下蛋就憋死。百行百业，人生来各归其位，生命不分贵贱和尊卑。钱对于我们来说，来者不拒，去者不惜，花多花少皆不受累，何况每个人不会穷到没有一分钱（没有一分钱的是死了的人），每个人更不会聚积所有的钱。钱过多了，钱就不属于自己，钱如空气、如水，人只长着两个鼻孔一张嘴。如果这样了，我们就可以笑那些穷得只剩下钱的人，笑那些没钱而猴急的人，就可以心平气和地去完成各自生存的意义了。古人讲安贫乐道并不是一种无奈后的放达和贫穷的幽默，安贫实在是对钱产生出的浮躁之所戒，乐道则更多是对平凡生命的伟大呼唤。

这是何等的平白和真实，言简而意赅。说到底，金钱和财富是人们劳动创造出来的，也是为人们更好地生活服务的。如果目的和手段倒置，人沦为金钱的奴隶，异化为物质的走狗，那实在是既可怜又可悲。

人 生 感 悟

让我们谨记《伊索寓言》中的忠告："金钱和享受的贪求不是幸福。"

财富是一点一滴积累起来的，
要珍惜每一分钱

对于父母或自己辛苦赚来的钱财，我们必须具有爱惜之情。你尊重它、珍惜它，它才心甘情愿地为你服务。

许多时候，挥金如土、一掷千金，并不代表着大方、豪爽，反而显现出一个人的虚荣、浅薄。

中国台湾企业家王永庆可算是个世界级的巨富了，他牢记中国的俗语"富不过三代"，严格控制子女乱花钱，当发现孩子的母亲、祖母心疼孩子手头拮据偶尔送钱给孩子时，王永庆毅然将孩子送往国外，以使孩子脱离开家人的庇护。

一次，他发现他用的牙签是一头尖的，另外一头是刻花的比较贵，而市场上两头尖的牙签比较便宜，便告诉秘书："以后买两头尖的牙签，可以两边使用，又便宜。"他喝奶精，往往将小铝箔奶精盒中残留的奶精用一匙咖啡洗净后再倒入咖啡杯中喝掉，可谓不弃一丝一滴。靠节俭的美德，王永庆获得了生意上的成功，靠节俭思想的熏陶，他的爱女凭一张文凭、一把刮胡刀，在外独闯天下，同丈夫简明仁用 5.5 万美元积蓄在中国台湾创立了大众电脑公司，成了一家年营业额高达三四十亿元企业的总经理。

石油巨子洛克菲勒也是一个注重节俭的人。他规定，孩子七八岁时每周给 30 美分，十一二岁每周给 1 美元，12 岁以上每周给 2 美元，每周发放一次。他还发给孩子每人 1 个账本，让他们记清每笔钱支出的用途，领钱时交给他审查。如果账目清楚，用途得当，下周递增 5 美分，否则就递减。他还鼓励孩子做家务并给予奖励，如逮 100 只苍蝇奖 10 美分，抓 1 只耗子奖 5 美分等，并对背柴、垛柴、拔草、擦皮鞋都明确提出奖励额度，从小处着眼培养孩子的节俭习惯。

在 19 世纪，洛克菲勒成功地成为美国最有钱的人，他在相当长的时间内垄断了美国石油生产的3/4。而洛克菲勒的后人不守家业，豪门恩怨迭起，常常为争夺家产大打出手，诉诸公堂，结果洛克菲勒中心51%的股权旁落日本三菱集团之手，导演了洛克菲勒绝对不愿看到的"奢侈败家"的一幕。

可见，对金钱除了爱之外，还要惜，即"开源节流"。当然，珍惜并非吝啬，会用金钱的人，才是会生活的人。

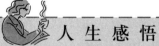

人 生 感 悟

犹太人说："赚钱不难，用钱不易。"不懂得珍惜财富的人，也将轻易地丢失幸福。

放纵欲望等于自杀

俗话说："人心不足蛇吞象。"古今中外，因放纵欲望而招祸的例子不胜枚举。

韩国前总统卢泰愚在1988～1993年执政5年期间，充分利用职权蓄积、贪污政治资金多达500多亿韩元(800韩元约合1美元)，下野前夕，将剩余的政治资金用化名分别存入20多家银行，据为己有。1995年8月初，韩国前内阁成员总务处长官徐锡宰与一些新闻界的朋友在首尔市一家餐馆饮酒，酒后吐真言，将这秘密泄露。在野的民主党穷追不舍，私下进行调查，掌握了大量证据，卢泰愚被打入监狱，接受法律的最终判决。

在证人、证据面前，卢泰愚不得不承认他的犯罪事实，并在记者招待会上流下了眼泪。接受传讯后回到住宅，他问他的医生："有没有一种药服后可以一睡不醒，我真不想活了！"但是正如韩国报纸所强调的那样："眼泪不会获得国民的同情。"

面对诱惑，需要保持清醒的头脑，勇于放弃。如果抓住不放，贪得无厌，就会带来无尽的压力、痛苦不安，甚至毁灭自己。

晋代陆机《猛虎行》有云："渴不饮盗泉水，热不息恶木荫。"讲的就是在诱惑面前的一种放弃、一种清醒。

以虎门销烟闻名中外的清朝封疆大吏林则徐，便深谙放弃的道理。他以"无欲则刚"为座右铭，为官40年，在权力、金钱、美色面前做到了洁身自好。他教育两个儿子"切勿仰仗乃父的势力"，实则也是他本人处世的准则；他在《自定分析家产书》中说"田地家产折价三百银有零"、"况目下均无现银可分"，其廉洁之状可见一斑；他终其一生，从来没有沾染拥姬纳妾之俗，在高官重臣之中也是少见的。

在现实生活中，我们需要有一种放弃欲望的清醒。其实，在物欲横流、灯红酒绿的今天，摆在每个人面前的诱惑都有许多。唯有保持一颗清凉心、善待欲望的人，才不会误入歧途。

人 生 感 悟

若要使人幸福，须减其欲望，莫增其所有。

把赚钱当作一种游戏，
才是最有意义的

大金融家摩根喜欢赚钱，甚至达到痴迷的程度。

每当黄昏时，他总会到小报摊上买一份载有股市收盘的当地晚报回家阅读。当他的朋友都在忙着怎样娱乐的时候，他则说："有些人热衷于研究棒球或者足球的时候，我却喜欢研究怎么赚钱。"

在谈到投资的时候，他总是说："玩扑克的时候，你应当认真观察每一位玩者，你会看出一位冤大头，如果看不出，那这个冤大头就是你。"

他从来不乱花钱去做自己不喜欢的事情，他总是琢磨怎么赚钱的办法。

朋友开玩笑说："摩根，你已经是百万富翁了，感觉滋味如何？"

他的回答让人玩味："凡是我想要的东西而又可以用钱买到的时候，我都能买到，至于其他人所梦想的东西，比如名车、名画、豪宅我都不为所动，因为我不想得到。"

他并不是一个为金钱而生活的人，他甚至不需要金钱来装饰他的生活，他喜欢的仅仅是游戏的感觉，那种一次次投入资金，又一次次地通过自己的智慧把钱赚回来的感觉，充满了风险和艰辛，但是也颇为刺激，他喜欢的就是刺激。

摩根说："金钱对我来说并不重要，而赚钱的过程，即不断地接受挑战才是乐趣，不是要钱，而是赚钱，看着钱滚钱才是最有意义的。"

赚钱不过是为了生活得更幸福一些，如果因为这个赚钱的过程，而把生活的过程给忽略了，那就是很不合算的交易。人们追求金钱，是为了使生活更舒适，但奇怪的是，人们一旦有了钱反而更忙碌，更无法舒舒服服得过日子。有些商人就是这样，终日忙于赚钱，虽然腰缠万贯，但却失去了享受人生的机会。而成功人士却在世界上过得极为潇洒，他们既最会赚钱，又最会享受生活。

有一次，一位大商人乘专机到以色列参加一项商务谈判，到达的那天恰好是周六。在美国备受交通堵塞之苦的他，对这里街上汽车稀少、交通畅通无阻感到很奇怪。他问："你们首都的车辆这么少吗？""你有所不知。"有人解释道，"我们从每周五晚上开始，一直到星期六的傍晚为止，是禁烟、禁酒、禁欲的时间，一切杂念皆摒除九霄云外，一心一意地休息和向神祈祷，人们大都待在家里，所以街上来往的汽车比平日起码减少一半。从周六晚上起，才是我们真正的周末，便是我们尽情享受的时候。"

"你们真懂得休息和享受。"商人羡慕地说。

"因为我们知道只有健康的身体，才能享受快乐的人生。"此人不无得意地说，"健康是商人最大的本钱。要想有健康的身体必须吃好、睡好、玩好。我们犹太人虽然亡国达 2000 年，长久浪迹天涯，遭人歧视和迫害，但并没有因此而绝灭，这与我们注重养生之术是分不开的。"

赚钱，是为了更好地休息，所以，人应该在工作之余，好好学会休息。

在成功人士的心中，解放自己的日子，才是真正的假日。如果一个人在工作之余还在为工作烦恼，或者把工作带回家来做，他是很不幸的，因为他隐性地牺牲了陪家人和休息的时间。

赚钱是为了享受，知道如何休息，才会拥有一个丰富的人生。

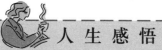

人 生 感 悟

君子爱财，取之有道。赚钱，不应以牺牲健康、家庭、幸福为代价。

金钱只认得金钱，
它不会认得人

曾在报刊上读过流沙讲述的一个真实的故事：

在美国著名的《财富》期刊封面上，曾刊登过一位年仅 19 岁的青年的照片。

他叫詹森·斯维斯彭，一个网站的拥有者。在投资家的资助下，他推出一个名叫"心想事成"的网站，在短短数个月内，网页的访问量达到了900 万人次。

不少人惊叹："难道他是下一个比尔·盖茨吗？"

詹森在网站上收益了上亿美元的资金，成为美国的一位网络新贵。

陷入巨大成功中的他，认为自己有非凡的能力，也能办到一切事情。许多人认为这绝不是狂言，因为他的年龄和成就甚至超过了当年的比尔·盖茨。有不少预言家也断定他必然会累积巨大的财富，成为类似于比尔·盖茨那样的影响全球的人物。

随后，美国一些金融机构主动向他提供贷款，给予巨大的财力支持，他的公司很快上市。财富的累积像雪球一样越滚越大，从原来的 1 亿多美元扩增到 26 亿美元。

这简直就是一个财富神话。

他成了美女、媒体追逐的对象，他和世界级的超级模特约会，和大量的媒体接触，甚至准备拍一部反映他的创业史的电影。他的生活也极尽奢华，他一共花去了 3.24 亿美元。

好景不长，美国股市风云突变，詹森公司的股票从原来的每股 168 美元狂跌到 2 美元，公司宣布破产。

短短的两年后，他又变成了一个身无分文的普通人，那些曾经和他热恋的模特和像苍蝇一样追逐他的电影公司全都不见了。

詹森四处筹款准备东山再起，但他发现，原来借钱竟然如此困难。没有一家公司和金融机构愿意借钱给他。

后来，他从叔叔那里借到了钱，又注册了一个网站，但风光不再。

詹森感慨万千："经过这些事，我终于明白了，金钱只认得金钱，它不会认得人。以前我失败的原因是，我总认为金钱是认得我的。"

有人评价说："这位 20 岁的年轻人，以后可以成为一位哲学家。"

可见，金钱没有温情可言，正如现代政治家、出版家邹韬奋所说："金钱往往成为真正情义的障碍物。"

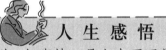

人 生 感 悟

迷信金钱能办到一切事情，是自大而可悲的。

穷人之所以受穷，
是因为他们不曾想过富有

一个乞丐懒洋洋地斜躺在地上，在他面前放着一只破碗，旁边还放着一根讨饭棍。每天都有很多人在他跟前经过，有的人见他很可怜，就在他的破碗里丢几个硬币。

有一天，在这个乞丐的面前出现了一个穿戴非常整齐的年轻律师，这个律师对他说："先生您好，您的一个远房亲戚不幸去世了，留下了3000万美元的遗产，根据我们的调查，您是这笔遗产的唯一继承人，所以请你在这份文件上签个字，这笔遗产就属于您的了。"一瞬间，这个人从一无所有的乞丐变成了富翁。

有个记者采访他："您得到这笔3000万美元的遗产后，最想做的是什么事呢？"

这个人回答说："我首先要去买一只像样一点的碗，再去买一根漂亮的棍子，这样我就可以像模像样地讨饭了。"

乞丐的悲哀，就在于他在物质上是贫困的，其精神也是贫困的。

巴拉昂是法国排名前50位的富翁。他的事业是从推销装饰肖像开始的，后来从事新闻工作，不到10年时间，就成为当时最年轻的媒体大亨。1998年，他在法国的博比尼医院去世。临终前，巴拉昂做出两个惊人决定：其一是向博比尼医院捐献4.6亿法郎，用于对前列腺癌的研究；其二是设立一项100万法郎的奖金，奖给一个揭开贫穷之谜的人。

巴拉昂死后，报纸刊登了他的遗嘱。遗嘱写道："我出生时是穷人，死时却拥有亿万资产。我不想把自己致富的秘诀带走，这个秘诀保存在法兰西中央银行我的保险箱里。我的秘诀是'穷人最缺少的是什么'这一问题的答案，猜中秘诀的人将得到我的祝福，并得到保险箱里的100万法郎。"

遗嘱一经宣布，成千上万的答案飞向报纸编辑部。大部分答案说，穷人最缺的是财富，此外还会缺少什么呢？另一部分人认为，穷人最缺少机会，相当多的人受穷，是因为没有好的致富机会。还有一些人认为，穷人最缺的是手艺，要想致富必须有一技之长。有的人觉得一些人之所以穷，是因为学而不专。有的认为，穷人所缺的是协助，所有政党上台前，都许诺一旦执政将会帮助穷人，可是上台后却很少兑现。除此之外，什么样的答案都有，比如，漂亮的脸蛋，皮尔·卡丹服装，宽敞的住房。

到巴拉昂去世一周年纪念日为止，遗嘱执行人总共收到48561封来信。这天，律师和代理人打开那只保险箱，发现只有一个名叫蒂勒的小姑娘猜对了。原来，巴拉昂认为：穷人最缺少的是野心。

在蒂勒到巴黎领奖的时候，记者问这个只有 9 岁的小姑娘，为什么她会想到答案是野心？蒂勒说："我姐姐只要把她 11 岁的男朋友带到我家，总要对我发出警告：'不要有野心！不要有野心！'所以我想，野心大概能够让人得到他想要的东西。"巴拉昂的谜底在报纸上披露后，引起世界范围的争议：相当多的媒体就这一话题进行了调查，不少成功的企业家和好莱坞电影明星都承认：促使他们取得成功的主要因素是野心。看来，野心是永恒动力，是创造奇迹的火种。

"野心"是一种关于理想的巨大抱负，在这里我们并不把它当作贬义词。我们的生活就像旅行，思想是导游者，没有导游者，一切都会停止，目标会丧失，力量也会化为乌有。没有钱不可怕，但没有诚实、信用、奋斗、坚韧的精神，才是最可怕的。

 **人 生 感 悟**

思路决定出路，观念决定行动。每个人的一生大致与他的设想保持相当：你想成为什么便会成为什么。这是法国存在主义哲学家萨特的一句名言，也是对许多人命运的注解。

第九章

女孩要嫁得好，更要过得好

当我们准备步入婚姻殿堂时就该考虑清楚，选择了某个人就是选择了一种与他相应的生活方式。爱不是一把削泥刀，要把对方削成自己满意的样子。长相守才能长相知，长相知才能不相疑。用心经营，婚姻绝非爱情的坟墓，它只会是温馨、醉人的天堂。

盲目地选择爱情，
是不幸的序曲

进入青年时代的人们，往往要面临着一个亘古常新的课题，那就是爱情。它不知不觉地，悄悄地潜入你的心扉，撞击你的心灵。但是爱情，它可能使你获得无比的幸福，也可能使你坠入不幸的深渊；它可能使你有个腾飞的起点，也可能给你划出一条失足的轨迹。

18 岁那年，莎士比亚与安·哈瑟维结婚，但据教堂记录，此前不久，他曾与一位名叫安·韦特利的姑娘有过结婚证书。其中的原因比较复杂。

安·哈瑟维是一个富裕农民的女儿，比莎士比亚大 8 岁，与莎士比亚交好时，她父亲已经去世，她与继母及同父异母的弟弟住在父亲留下的农庄里，生活得不自在，加上年岁已大，一直在费尽心机地寻找婆家，对于莎士比亚这样英俊健壮的小伙子的献媚，她自然求之不得。不久，安·哈瑟维怀了孕。倒霉的莎士比亚不得不想起自己应尽的责任，放弃了与安·韦特利的恋情，转与安·哈瑟维结婚。婚后的莎士比亚接连有了 3 个孩子，但却并不如意，而当时他才 21 岁。生活的重担早早地压在他的肩上，而前途却一片渺茫。

为了摆脱家庭的烦恼，寻求美好的前程，等 3 个孩子稍大一点的时候，他便背井离乡，跟着一个到外地巡回演出的剧团到了伦敦。20 多年后才重返故乡定居。

作为戏剧家，莎士比亚是成功的，但他对爱情的盲目选择却造成了婚姻生活的不如意。

有一位著名作家说："人在年轻的时候，并不一定了解自己追求的、需要的是什么，甚至别人的起哄也会促成一桩婚姻；等你再长大一些，更成熟一些的时候，你才会知道你真正需要的是什么。可那时，你已经做了许多悔恨得使你锥心的蠢事。"

生活中，掌握好恋爱的规律，不盲目地恋爱，才能驾驭好人生之舟，才能获得幸福。

人 生 感 悟

通常恋爱的人在虚幻的想象中将被爱的人美化，那已不再是原来的他，只是各种理想与希冀的综合体。盲目的爱可能会暂时看不见对方的缺点，但这种情形不会持续多久的。

选择了一个伴侣，
就是选择一种生活方式

斯坦福大学社会学博士生托尼在写毕业论文时糊涂了，因为他在归纳两份相同性质的材料时，发现结论相互矛盾。一份是杂志社提供的 4800 份调查表，问的是：什么在维持婚姻中起着决定作用（爱情、孩子、性、收入、其他）？ 90% 的人答是爱情。可是从法院民事庭提供的资料看，根本不是那么回事——在 4800 对协议离婚案中，真正因感情彻底破裂而离婚的不到 10%！托尼发现，他们大多是被小事分开的。看来真正维持婚姻的不是爱情。

例如 0001 号案例。离婚者是一对老人，男的是教师，女的是医生，他们离婚的直接原因是：男的嗜烟，女的不习惯；女的是素食主义者，男的受不了。

再比如 0002 号案例。这对离婚者大学时曾是同学，上学时有 3 年的恋爱经历，后来在同一个城市工作。他们结婚 5 年后离异，直接原因是：男的老家是西部的，父母身体不好，姊妹又多，大事小事都要靠他。同学朋友都买车购房了，他们一家还过着紧日子，女的心里不顺，经常吵架，结果就分手了。

再比如第 4800 号案例。这一对结婚才半年，男的是警察，睡觉时喜欢

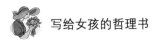

开窗，女的不喜欢；女的是护士，喜欢每天洗一次澡，男的做不到。俩人为此经常闹矛盾，结果协议离婚。

本来托尼博士以为他选择了一个轻松的题目，拿到这些实实在在的资料后，他才发现《爱情与婚姻的辩证关系》是多么难做的一个课题。

托尼去请教他的指导老师。指导老师说，这方面的问题最好去请教那些金婚老人，他们才是专家。

于是，托尼走进大学附近的公园，去结识来此晨练的老人。可是他们的经验之谈令他非常失望，除了宽容、忍让、赏识之类的老调外，在他们身上他也没找出爱情与婚姻的辩证关系。不过在比较中他有一个小小的发现，那就是：有些人在婚姻上失败，并不是找错了对象，而是从一开始就没弄明白，在选择爱情的同时，也就选择了一种生活方式。就是这些生活方式上的小事，决定着婚姻的和谐。有些人没有看到这一点，最后使本来还相爱着的两个人走向了分手的道路。

导师因为托尼这一小小的发现，使他通过了博士论文的答辩。

人 生 感 悟

当我们准备步入婚姻殿堂时就该考虑清楚，你选择了某个人就是选择了一种与他相应的生活方式。爱不是一把削泥刀，要把对方削成你满意的样子。

给爱情以空间，
它才能自由飞翔

生活中一些事情常常是物极必反的：你越是想得到他的爱，越要他时时刻刻不与你分离，他越会远离你，背弃爱情。你多大幅度地想拉他向左，他则多大幅度地向右荡去。

一位爱情多次受挫的美丽女孩逐渐学会了对她所爱的人说："我爱你，珍惜你，尊重你。我相信，如果我不拦你的路，你能够或有能力充分发展成你所能成为的人。因为我太爱你，所以我能放手让你与我并肩而行，走在快乐里和痛苦里，我会分担你的眼泪，但我不会要你不哭；我会响应你的需要，关心你，安慰你，但我不会在你能自己走时拖着你不放；我随时准备在你难过和孤独时与你在一起，但我不会不让你体验自己的难过和孤独；我会尽力听懂你的话和意思，但我不会总是同意你所说的。有时我会生气，生气时我会尽量让你知道我在生气，以使我们不必为有分歧而彼此过不去。"

"毫无疑问，爱人时常需要从捆在他脖子上的爱的锁链里挣脱出来。我们应当自信，真正的爱是可以超越时间、空间的。因此，作为婚姻的双方，在魅力的法则上，请留给彼此一段距离。这距离不仅仅包含空间的尺度，同样包含心灵的尺度。留下你自己独特的性格，不要与我如影随形；留下你自己内心的隐私，不要让我感到你是曝光后苍白的底片；留下你一份意味深长与朦胧的神秘……不要试图挽留我离去的脚步。不要幻想我的目光永远专注于你，一切都应是自然形成，在你我之间留下一段距离，让彼此能够自由呼吸。"

人 生 感 悟

爱就是要给对方充分的自由，我们须对自己所爱的人放手，因为如果你想以抓紧或攥住来控制他，你就会失去你想得到的。

婚姻，绝非爱情的坟墓

生活中，什么样的人才应该去结婚呢？认识了婚姻的"抉择真谛"的人！

婚姻的抉择真谛是——决定成婚时，明知极可能会有更好的人出现，但是此时此地此生，我就是选择了你。

弱水三千，只取一瓢饮。

眼前即可掌握的小小幸福，大过未来不可测、不可知的机缘。

当一个人喜欢另一个人，并不是因为他（她）最好、最漂亮、最有钱、最能干……即使有更好的人出现，仍然不会改变。这辈子，有了你我就满足；现在我接受了你，以后你会怎样，我会如何，也都认了。这正是选择的真谛。

如果你认为生命价值高、时间宝贵，在婚后多年发现有更好的对象出现时也不后悔，那表示你早已踏实地开始了自己的婚姻生活，并且从中得到了相当的收获与喜悦。

同样的，当你毫不心动，完全不需要异性，也不想拥抱婚姻时，也不应该为结婚而结婚。

当你心动又想行动，情绪正在最佳状况，对婚姻有了正确认识及心理准备时，就可以结婚了。

在宽广的未来森林里，也许会有无数只"孔雀"可以和你结姻缘，可是你宁愿选择眼前的唯一，重要的是，从现在开始，彼此义无反顾、全力以赴地去经营婚姻。

选择婚姻就像是射箭，无论你感觉自己瞄得有多准，在箭射出去之后，它能否正中靶心，谁也不敢肯定。如果当时起了一阵微风，或者箭本身有些小故障，总之，一些不可预知的小意外，常常令结果扑朔迷离。

其实，婚姻是一种有缺陷的生活，完美无缺的婚姻只存在于恋爱时的遐想里，当然，那些婚姻屡败者也许还固守着这个残破的理想。上帝总有些苛刻，或者说公平，他不会把所有的幸运和幸福降在一个人身上。有爱情的不一定有金钱，有金钱的不一定有快乐，有快乐的不一定有健康，有健康的不一定有激情。向往和追求美满精致的婚姻，就像希望花园里的玫瑰全在一个清晨怒放一样，那是不太可能的。

许多被大家看好的婚姻因为当事人的漫不经心、吹毛求疵、急不可耐可能很快就破碎了；而那些在众人眼里并不被看好的婚姻，因为两个人用心、细致、锲而不舍地经营，就如一棵纤弱的树，后来居然能枝繁叶茂，郁郁葱葱。可忍或可过的婚姻大抵也是如此，当事人稍一怠慢，它可能很快就会枯萎、凋零。而双方如果用一种更积极的心态去修补、保养、维护，奇迹也许就会发生。

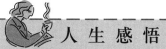

人 生 感 悟

用心经营，婚姻绝非爱情的坟墓，它只会是温馨、醉人的天堂。

责任共担，
幸福婚姻的第一要素

小丽和丈夫结婚刚 10 年，俗话说"七年之痛"、"十年之痒"，他们的婚姻却依旧平平的，淡淡的，静静的。丈夫是个懒散而不浪漫的人，他不懂得在情人节买玫瑰给小丽，也不懂得在生日时买礼物给她，更不会说甜言蜜语逗她开心，但是他却懂得家是什么，懂得婚姻那沉甸甸的责任。

一位作家曾作了一个很好的比喻，他说："如果说婚姻是河流的话，那么责任便是这条河流的堤坝，没有责任的婚姻，必然如没有堤坝的河流一样，迟早会干涸甚至死亡。"

在婚礼上，当新郎给新娘戴上结婚戒指的时候，牧师都会按照惯例问道："无论生病或健康、富有或贫穷你都愿意爱她、关心她、照顾她，直到离开这个世界为止吗？"这句话告诉人们，责任与爱是婚姻中的基础，但如果没有责任，爱也会枯萎。

婚姻的责任就是投入到对方怀抱里，把两颗心贴到一起变成一颗心；家庭的责任就意味着要为对方做出自己的奉献，使对方感受到你的努力，才能使他获得了幸福、健康和安宁。

得失与共，荣辱同当。每当他失意的时候也正是你落魄的时候，每当你露出微笑的时候也正是他显得开心的时候，这才是真情。

爱情与婚姻是家庭的纽带，家庭是爱情与婚姻的摇篮，责任是家庭的支柱，是爱情与婚姻经久不衰、摧打不折的力量与源泉。

人 生 感 悟

长相守才能长相知，长相知才能不相疑。不论时间走到哪一天，夫妻都该如此，共同承担起家庭的责任，这才是维系婚姻的第一要素。

一个高明的婚姻经营者，
绝不是一个吹毛求疵的人

几个女人坐在一起，讨论人生。她们不约而同地都对自己的婚姻感到不满意。闻说城中有一位显道法师，专门为人指点迷津，于是众女带着心中疑难，前往求教。

法师："各位对你们的丈夫有何不满？"

甲女："我丈夫与我毫不沟通，他连我喜欢些什么都不知道，更不用说晓得我想些什么了。我们同桌吃饭，但我觉得彼此距离犹如隔了一条大河。"

法师："那你当初为何嫁他？"

甲女："他对我殷勤呀。"

乙女："你的丈夫不晓得你心中想些什么，那还罢了。我的丈夫就可恶极了，他明知道我心中想些什么，对他如何期望，可是他就偏和我抬杠——我想他走路，他却坐下。"

法师："当初他是怎样打动你的心的？"

乙女："当初他以我喜欢的方式来爱我，愿意为我做任何事，但现在他以他自己喜欢的方式来'爱'我，只愿意做他自己喜欢的事。"

法师笑："最初他投你所好，是缘于形势；现在是'还我本色'，'真我流露'了。"

丙女："我的丈夫更加不像样。别人给女人家用，总是付出家用的全部，可是他非常计较，什么都只给一半。哪有男人付出一半家用的呢？况且他赚钱比我多，为何就不大方一点，自己把家用全付了？"

法师："你赚多少钱？"

丙女："有 8000 元左右。"

法师："当初你们恋爱的时候，出外消费如何付账？"

丙女："ＡＡ制，各付各的。可是现在我是他的妻子呀，为什么他就不肯为我牺牲呢？况且他付得起呀。"

法师对众女说："好吧，我给你们一个锦囊，一个月后，情况就会有所改善。"

众女接过锦囊后打开一看，是一张字条，上面写着："要把丈夫当朋友。"

一个月后，众女欢天喜地前往找法师。

甲女："法师的锦囊果然了得。那天我生日，丈夫送我一朵荷花那样大的绢花，可真搞笑。我是只喜欢鲜花，最讨厌绢花的啊！要是平日我一定很生气。可是，我想起法师说的话，想到朋友记得你的生日，已经很有心，何况还知道你喜欢花。哪管它绢花还是鲜花！我不知有多开心。"

乙女："可不是，我自从得了法师的锦囊后，脑筋顿然开窍，我向来哪有要求朋友投我所好的？也从不勉强别人做自己不喜欢做的事。对朋友无求，彼此往来，就轻松得多。求人不如求己，何必生气？"

丙女："对了，我向来很少向朋友借钱，更不要说用朋友的钱了。我自己又不是付不起家用，何必丈夫养我？"

法师："你们都有慧根，不愧是城中的聪明女子。"

众女悟出 3 个道理：一是待人不可持双重标准，待夫亦然；二是如果想多个朋友，乃可结婚；三是若要追求理想婚姻，只可自己同自己结婚。

 人 生 感 悟

爱的表现是无私奉献，但爱的实质却是无限索取。待人如己，待己如人，倘若能做到这些，那么夫妻之间就少了不少矛盾。

让婚姻远离情人，请保鲜爱情

如今，拥有情人已成为一种时髦，这既是对一夫多妻制摧毁后的悄然补充，也是在爱欲方面，两性相互放纵、贪婪的情感出轨。

一个成功的男人病危，他让医院通知两个女人。一个是他的情人，一个是他的妻子。两个女人一前一后进了屋。

见到美丽的情人，男人的眼睛为之一亮。他慢慢地从贴身的衣兜里，掏出一个电话本，然后从里面摸出一片树叶标本。他说："你还记得吗？我们相识在一棵丁香树下，这片丁香叶正好落在你的秀发上，我一直珍藏着……我一辈子也忘不了你。"

随后，他看到了紧跟情人的后面而来的妻子。看上去，妻子焦急又憔悴。他以为妻子是不会来的，便一惊，然后眼里涌出几滴泪水。你望着我，我望着你。几分钟后，他缓缓地从枕头底下，拿出一个钱包。他对妻子说："让你受苦了，这是我的全部财产，还有股权证、房产证，留给你和儿子的，好好生活，我要走了……"

话音刚落，站在一边的情人气得扔下那片丁香标本，像树叶一样飞走了。而妻子却紧紧地握住他的手，让他在温暖的怀抱中，慢慢地合上了双眼。

许多时候，情人只是一朵丁香花，谈情说爱时是满眼芬芳，一旦到了生离死别的时候，情人就是那枯萎的丁香，苦味只能留给自己品尝。而妻子却是一个口袋，扔了时是一块破布，捡起来仍是盛放爱的口袋。

婚姻如衣服，再怎么样毕竟还是一件完整的衣服；情人如布头，再怎么好看毕竟只是一块补丁。

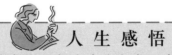

人 生 感 悟

情人是寂寞的产物，它为消除寂寞而产生，又往往加深着寂寞。情人没有未来，也很少能陪你到老。

爱到深处无怨尤，
宽容能救赎迷失的灵魂

　　女人有了外遇，要和丈夫离婚。丈夫不同意，女人便整天吵吵闹闹。没有办法，丈夫只好答应妻子的要求。不过，离婚前，他想见见妻子的男朋友。妻子满口答应。第二天一大早，女人便把一个高大英俊的中年男人带回家来。

　　女人本以为丈夫一见到自己的男朋友必定气势汹汹地争吵。可丈夫没有，他很有风度地和男人握了握手。然后，他说他很想和她男朋友交谈一下，希望妻子回避一下。女人只得听从丈夫的建议。站在门外，女人心里七上八下，生怕两个男人在屋内打起来。然而结果证明，她的担心完全是多余的。几分钟后，两个男人相安无事地走了出来。

　　送男友回家的路上，女人忍不住问："我丈夫和你谈了些什么？是不是说我的坏话。"

　　男人一听，停下了脚步，他惋惜地摇摇头说："你太不了解你丈夫了，就像我不了解你一样！"

　　女人听完，连忙申辩道："我怎么不了解他，他木讷，缺少情趣，家庭保姆似的简直不像个男人。"

　　"你既然这么了解他，就应该知道他跟我说了些什么。"

　　"说了些什么？"女人非常想知道丈夫说的话。

　　"他说你心脏不好，但易暴易怒，结婚后，叫我凡事顺着你；他说你胃不好，但又喜欢吃辣椒，叮嘱我今后劝你少吃一点辣椒。"

　　"就这些？"女人有点吃惊。

　　"就这些，没别的。"

　　听完，女人慢慢低下了头。男人走上前，抚摸着女人的头发，语重心长地说："你丈夫是个好男人，他比我心胸开阔。回去吧，他才是真正值得

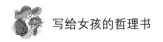

你依恋的人，他比我和其他男人更懂得怎样爱你。"

说完，男人转过身，毅然离去。

自从这次风波过后，女人再也没提过离婚二字，因为她已经明白，她拥有的这份爱，就是世界上最好的那份。

人 生 感 悟

人无完人，每一个错误的背后绝不只是一种因素，所以尝试用一颗博大的心来宽容对方的错。

夫妻间的相处，如果抱着容不得一点沙子的态度，恐怕就是神仙眷侣也要分道扬镳。

信任是幸福的基石，
没有它婚姻大厦会摇摇欲坠

诗人纪伯伦曾说："恋爱和疑忌是永不交谈的。"

100多年前，拿破仑三世，即巨人拿破仑的侄子，爱上了全世界最美丽的女人——特巴女伯爵玛利亚·尤琴，并且和她结了婚。他们拥有财富、健康、权力、名声、爱情、地位——一个十全十美的浪漫史。他的爱情从未像这一次燃烧得这么旺盛、狂热。

不过，这样的圣火很快就变得摇曳不定，热度也冷却了——只剩下了余烬。拿破仑三世可以使尤琴成为一位皇后，但不论是他爱的力量也好，帝王的权力也好，都无法阻止这位法西兰女人的猜疑和嫉妒。

由于她具有强烈的嫉妒心理，竟然藐视他的命令，甚至不给他一点私人的时间。当他处理国家大事的时候，她竟然冲入他的办公室里；当他讨论最重要的事务时，她却干扰不休。她不让他单独一个人坐在办公室里，总是担心他会跟其他的女人亲热。

她常常跑到她姐姐那里，数落她丈夫的不好。她会不顾一切地冲进他的书房，不停地大声辱骂他。拿破仑三世虽然身为法国皇帝，拥有十几处华丽的皇宫，却找不到一个安静的地方。

尤琴这么做，能够得到些什么？

莱哈特的巨著《拿破仑三世与尤琴：一个帝国的悲喜剧》中这样写道："于是，拿破仑三世常常在夜间，从一处小侧门溜出去，头上的软帽盖着眼睛，在他的一位亲信陪同之下，真的去找一位等待着他的美丽女人，再不然就出去看看巴黎这个古城，放松一下自己经常受压抑的心情。"

的确，尤琴是坐在法国皇后的宝座上，也是世界上最美丽的女人。但在猜疑和嫉妒的毒害之下，她的尊贵和美丽，并不能保持住她那甜蜜的爱情。

他是个爱家的男人。他纵容她婚后仍保有着一份自己喜爱的工作，他纵容她周末约同事回家打通宵的麻将，他纵容她拥有不下厨的坏习惯，他纵容她在半夜挑逗他那已沉睡的身躯，他始终都扮演着一个好男人的典范，好得让她这个做妻子的自惭形秽。

她第一次怀疑他，是从一把钥匙开始的。她虽然不是个百分百的好老婆，但总能从他的一举一动了解他的情绪，从一个眼神了解他的心境。

他原有4把钥匙，楼下大门、家里的两扇门以及办公室等4把。不知从何时起，他口袋里多了一把钥匙。她曾试探过他，但他支支吾吾闪烁不定的言辞，令她更加的怀疑这把钥匙的用途。

她开始有意无意地电话追踪，偶尔出现在他办公室，名为接他下班实为突击检查，她开始将工作摆在第二位，周末也不再约同事回家打牌，还买了一堆烹饪的录像带和食谱，想专心的做个好老婆，可是一切似乎太迟了。

他愈来愈沉默，愈来愈不让她懂得他心里想什么，他常常独自一个人在半夜醒来，坐在阳台上吹了整夜的风，他变得不大说话，精神有点恍惚，有一次居然连公文包都没带就去上班，他真的变了很多，唯一没有变的是他对她的温柔和体谅，但她的猜疑始终没有稍减。在夜以继日的追查下，她终于发现那把钥匙的用途，是用来开启银行保险箱的，于是她决定追查到底，她悄悄地偷出了那把钥匙进了银行。

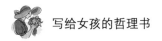

当钥匙一寸一寸地伸进那小孔，她慌张又迫于知道答案的谜底，谜题即将揭晓。首先映入眼帘的是一个珠宝盒，她深深地吸了一口气，缓缓地打开盒盖，然后，心里甜甜地笑了起来："这个傻瓜。"那是他们两人第一次合照的相片。照片之后是一叠情书，算一算一共28封，全是她在热恋时期写给他的，这个时候甜蜜是她脸上唯一的表情。珠宝盒底下是一些有价证券，有价证券底下是份遗嘱，她心想："待会儿出去一定要骂一骂他，才30出头立什么遗嘱。"虽然如此，她还是很在意那份遗嘱的内容。她翻开封面，内容写着×××阳明山的别墅和存款的20%留给父母，存款的10%给大哥，有价证券的30%捐给老人机构，其余所有的动产、不动产都写着一个名字。

她哭了，因为这个名字不是别人，正是她自己。所有的疑虑都烟消云散，他是爱她的，而且如此忠诚。正当她收拾起所有动作，准备回家为他筹备丰盛晚宴时，突然，一个信封从两叠有价证券里掉下来，那已经褪去的猜疑，又复萌了，她迅速地抽出信封里的那张纸，是一张诊断书，在姓名栏处她看到了先生的名字，而诊断栏上是4个比刀还锋利的字："骨癌中期"。

人 生 感 悟

婚姻中的任何猜疑都会变成一把锋利的刀剑，将幸福的面纱一剑击穿。

第十章

女孩就是要奋斗

一个人一旦能对其潜能加以有效地运用，生命便永远不会陷于贫困卑微的境地。要想把潜能完全激发出来，首先必须不再自我设限。人的一生很像是在雾中行走，远远望去，只是迷茫一片，辨不出方向和吉凶。可是，当你鼓起勇气，放下悲伤和沮丧，一步一步向前走去，你就会发现，每走一步，你都能把下一步路看得清楚一点。"放下悲观往前走，别站在远远的地方观望！"

把任何怀疑的思想驱逐掉

3只青蛙掉进了鲜奶桶中。

第一只青蛙说："这是命。"于是它盘起后腿，一动不动地等待着死亡的降临。

第二只青蛙说："这桶看来太深了，凭我的跳跃能力，是不可能跳出去了。今天死定了。"于是，它沉入桶底淹死了。

第三只青蛙打量着四周说："真是不幸！但我的后腿还有劲，我要找到垫脚的东西，跳出这可怕的桶！"

于是，第三只青蛙一边划一边跳，慢慢地，奶在它的搅拌下变成了奶油块，在奶油块的支撑下，这只青蛙奋力一跃，终于跳出奶桶。

正是"希望"救了第三只青蛙的命。

许多成功者都有乐观期待的习惯。不论目前所遭遇的境地是怎样的惨淡黑暗，他们都不会屈服于现状，他们对于自己的信仰、对于"最后的胜利"始终坚定不移。这种乐观的期待心理会生出一种神秘的力量，以使他们达成愿望。

每个人都应该坚信自己所期待的事情能够实现，千万不可有所怀疑。要把任何怀疑的思想都驱逐掉，而代之以必胜的信念，努力发掘出属于自己的强项，必定会有美满的成功。

人 生 感 悟

人的一生很像是在雾中行走，远远望去，只是迷茫一片，辨不出方向和吉凶。可是，当你鼓起勇气，放下悲伤和沮丧，一步一步向前走去的时候，你就会发现，每走一步，你都能把下一步路看得清楚一点。"放下悲观往前走，别站在远远的地方观望！"这样，你就可以潇洒上路，最终找到属于你的方向。

拥有自我评判的标准

不要让众人的意见淹没了你的才能和个性。一味地听从别人的意见，你就会迷失自我。

你只需听从自己内心的声音，做好自己就足够了。

一位小有名气的年轻画家画完一幅杰作后，拿到展厅去展出。为了能听取更多的意见，他特意在他的画作旁放上一支笔。这样一来，每一位观赏者，如果认为此画有败笔之处，都可以直接用笔在上面圈点。

当天晚上，年轻画家兴冲冲地去取画，却发现整个画面都被涂满了记号，没有一笔一画不被指责的。他十分懊丧，对这次的尝试深感失望。

他把他的遭遇告诉了另外一位朋友，朋友告诉他不妨换一种方式试试。于是，他临摹了同样一张画拿去展出。但是这一次，他要求每位观赏者将其最为欣赏的妙笔之处标上记号。

等到他再取回画时，结果发现画面也被涂遍了记号。一切曾被指责的地方，如今却都换上了赞美的标记。

"哦！"他不无感慨地说，"现在我终于发现了一个奥秘：无论做什么事情，不可能让所有的人都满意。因为，在一些人看来是丑恶的东西，在另一些人眼里或许是美好的。"

人 生 感 悟

不同的人在面对同一件事物时，往往会发出不同的感慨，持有相异的观点。有时同一个人关于同一事件的观点，也会因时间的推移而变化，如果我们想用追随他人的喜好的方法来讨好他们的话，那是一件多么辛苦的事情啊。因为我们不可能让所有人都喜欢，人生来就有差异，喜好、兴趣、性格等也由此不同，唯有以"不变应万变"才是最佳的生存方法。

挣脱"自我设限"

科学家做过一个实验：把跳蚤放在桌子上，然后一拍桌子，跳蚤条件反射地跳起很高。然后，科学家在跳蚤的上方放一块玻璃罩，再拍桌子，跳蚤再跳就撞到了玻璃，跳蚤发现有障碍，就开始调整自己的高度。然后科学家再把玻璃罩往下压，然后拍桌子。跳蚤再跳上去，再撞上去，再调整高度。就这样，科学家不断地调整玻璃罩的高度，跳蚤就不断地撞上去，不断地调整高度。直到玻璃罩与桌子高度几乎相平，这时，科学家把玻璃罩拿开，再拍桌子，跳蚤已经不会跳了，变成了"爬蚤"。

跳蚤之所以变成"爬蚤"，并非它已丧失了跳跃能力，而是由于一次次受挫后学"乖"了。

跳蚤为自己设了一个限，认为自己永远也跳不出去。尽管后来玻璃罩已经不存在了，但玻璃罩已经"罩"在它的潜意识里，罩在它的心上，变得根深蒂固。行动的欲望和潜能被固定的心态扼杀了，它认为自己永远丧失了跳跃的能力。这也就是我们所说的"自我设限"。

你是否也有类似的遭遇？生活中，一次次的受挫、碰壁后，奋发的热情、欲望就被"自我设限"压制、扼杀。你开始对失败惶恐不安，却又习以为常，丧失了信心和勇气，渐渐养成了懦弱、犹豫、害怕承担责任、不思进取、不敢拼搏的习惯，而成为你内心的一种限制。

一旦有了这样的习惯，你将畏首畏尾，不敢尝试和创新，随波逐流，与生俱来的成功火种也随之过早地熄灭了。唯有你自己才能挣脱自我设限，没有任何人可以帮助你。

要挣脱自我设限，关键在自己。西方有句谚语说得好："上帝只拯救能够自救的人。"成功属于愿意成功的人。如果你不想去突破，挣脱固有想法对你的限制，那么，没有任何人可以帮助你。不论你过去怎样，只要你调整心态、明确目标、乐观积极地去行动，你就能够扭转劣势，更好地成长。

人 生 感 悟

一个人一旦能对其潜能加以有效地运用，他的生命便永远不会陷于贫困卑微的境地。

要想把你的潜能完全激发出来，首先你必须不再自我设限，才可能一往无前地继续下去，直至把你的能量毫无保留地释放出来。

莫因害怕"出丑"而禁锢生活

人们都想使自己显得聪明，都怕在众人面前出丑。这似乎是决然对立的两件事，聪明人绝不会出丑，出丑的人必然是笨蛋。然而，实际生活并非如此。最聪明的人有时简直如一个大傻瓜，他们当众出丑却若无其事，他们被人嗤笑却自得其乐。然而，他们就这样走向了成功。

安娜读书时网球打得不好，所以老是害怕打输，不敢与人对垒，至今她的网球技术仍然很蹩脚。安娜有一个同班同学，她的网球比安娜打得还差，但她不怕被人打下场，越是输越打，后来成了令人羡慕的网球手，成了大学网球代表队队员。

聪明是令人羡慕的，出丑总使人感到难堪。但是聪明是经过无数次出丑练就的，不敢出丑，就很难聪明起来。

那些勇敢地去干他们想干的事的人们是值得赞赏的，即使有时在众人面前出了丑，他们还是洒脱地说："哦，这没什么！"就是这么一类人，他们还没学会反手球和正手球，就勇敢地走上网球场；他们还没学会基本舞步，就走下舞池寻找舞伴；他们甚至没有学会屈膝或控制滑板，就站上了滑道。

伊米莉只会说一点点可怜的法语，她却毅然飞往法国去做一次生意旅行。虽然人们曾告诫她：巴黎人对不会讲法语的人是很看不起的，但她坚持在展览馆、在咖啡店、在爱丽舍宫用法语与每个人交谈。她不怕结结巴巴，不怕语塞傻笑、出丑吗？一点也不。因为伊米莉发现，当法国人对她使用的虚拟语气大为震惊之状过去后，许多人都热情地向她伸出手来，为她的"生活之乐"所感染，从她对生活的努力态度中得到极大的乐趣。他们为伊米莉喝彩，为所有有勇气干一切事情而不怕出丑的人欢呼，这类人还包括那些学习对他们来说并不容易的新学问的人。

生活中有些人由于不愿成为初学者，就总是拒绝学习新东西。他们因为害怕"出丑"，宁愿放弃自己的机会，限制自己的乐趣，禁锢自己的生活。

若要改变一下自己的生活位置，总要冒出丑的风险，除非你甘愿在一个地方、一个水平上"钉死"了。不要担心出丑，否则你就会无所出息，更重要的是，你同样无法心绪平静、生活舒畅，你会受到囿于静止的生活而又时时渴望变化的愿望的痛苦煎熬。我们也许应该记住这一点，由于我们害怕出丑，也许会失去许多生活机会而长久感到后悔。我们也应该记住法国的一句成语："一个从不出丑的人并不是一个他自己想象的聪明人。"

人 生 感 悟

生活中，有人害怕出丑，因而迟迟不敢迈出行动。其实任何一次"出丑"往往是下一个成功的开始。尝试需要勇气，虽然尝试的结果永远是不确定的，但这种积极的人生一定是辉煌的。

你是独一无二的，
要告诉世界"我很重要"

多年以来，在我们的教育中，个人总是被否定的那一个：面对集体，我不重要，为了集体的利益，我应该把自己个人的利益放在一边；面对他人，我不重要，为了他人能获得开心，只能牺牲我自己的开心；面对我自己，我也不重要，这个世界上，少了我就如同少了一只蚂蚁，没有分量的我，又有什么重要？但是，作为独一无二的"我"，真的不重要吗？不，绝不是这样，

"我"很重要。

当我们对自己说出"我很重要"这句话的时候，"我"的心灵一下子充盈了。是的，"我"很重要。

"我"是由无数星辰日月草木山川的精华汇聚而成的。只要计算一下我们一生吃进去多少谷物，饮下了多少清水，才凝聚成这么一具美轮美奂的躯体，我们一定会为那数字的庞大而惊讶。世界付出了这么多才塑造了这么一个"我"，难道"我"不重要吗？

你所做的事，别人不一定做得来；而且，你之所以为你，必定是有一些相当特殊的地方——我们姑且称之为特质吧！而这些特质又是别人无法模仿的。

既然别人无法完全模仿你，也不一定做得来你能做得了的事，试想，他们怎么可能给你更好的意见？他们又怎能取代你的位置，来替你做些什么呢？所以，这时你不相信自己，又有谁可以相信？

况且，每个来到这个世上的人，都是上帝赐给人类的恩宠，上帝造人时即已赋予了每个人与众不同的特质，所以每个人都会以独特的方式来与他人互动，进而感动别人。要是你不相信的话，不妨想想：有谁的基因会和你完全相同？有谁的个性会和你一毫不差？

由此，我们相信：你有权活在这世上，而你存在于这世上的目的，是别人无法取代的。

不过，有时候别人（或者是整个大环境）会怀疑我们的价值，时间一长，连我们都会对自己的重要性感到怀疑。请你千万千万不要让这类事情发生在你身上，否则你会一辈子都无法抬起头来。

记住！你有权利去相信自己很重要。

"我很重要。没有人能替代我，就像我不能替代别人一样。我很重要。"

也许我们的地位卑微，也许我们的身份渺小，但这丝毫不意味着我们不重要。重要并不是伟大的同义词，它是心灵对生命的允诺。人们常常从成就事业的角度，判断自己是否重要。但这并不应该成为标准，只要我们在时刻努力着，为光明在奋斗着，我们就是无比重要地存在着，不可替代地存在着。

人 生 感 悟

让我们昂起头，对着我们这颗美丽的星球上无数的生灵，响亮地宣布：我很重要。面对这么重要的自己，我们有什么理由不去爱自己呢！

想成功，
先锻造一颗百折不挠的心

一个极度渴望成功的年轻人却在他短短的人生旅途中接二连三地受到打击，他处于崩溃的边缘，几乎就要绝望了。苦闷的他仍然心有不甘，去请教了一位智者。

见到智者后，他很恭敬地问："我一心想有所成就，可总是失败，遇到挫折。请问，到底怎样才能成功呢？"

智者笑笑，转身拿出一个东西递给年轻人，他吃惊地发现躺在自己手心的竟然是一颗花生。年轻人困惑地望着智者。

智者问道："你有没有觉得它有什么特别之处呢？"

年轻人仔细地观看了一番，仍然没有发现它和别的花生有什么差别。

"请你用力捏捏它。"智者见年轻人没有说话，接着说。年轻人伸出手用力一捏，花生壳被他捏碎了，只有红色的花生仁留在了手中。

"请你再搓搓它，看看会发生什么事。"智者又说，脸上带着微笑。

年轻人虽然不解，但还是照着他的话做了，就在他轻轻地一搓之中，花生红色的皮脱落了，只留下白白的果实。

年轻人看着手中的花生，不知智者是何意思。"再用手捏它。"智者又说。

年轻人用力一捏，他发觉他的手指根本无法将它捏碎。

"用手搓搓看。"智者说。

年轻人又照做了，当然，什么也没搓下来。

"虽屡遭挫折，却有一颗坚强、百折不挠的心，这就是成功的一大秘密啊！"智者说。

年轻人蓦然醒悟，遭遇几次挫折就要崩溃、绝望了，这样脆弱的心理又怎么能够成功呢？从智者那里出来，他又挺起了胸膛，心中充满了力量。

人 生 感 悟

没有坚强就没有不屈，没有顽强则没有胜利。用一颗顽强的心对待一切击打，奏响生命的最强音。

自尊，支撑起生命和灵魂

尊严是一个人灵魂的骨架，一个人一旦失去了尊严，他所剩下的也只是人的一副躯壳了。现实的浊流中，我们渐渐地磨掉了个性的棱角，学会了怯懦、世故和圆滑。太多的时候，是我们自己轻易丢掉了自己的尊严。

1995 年 3 月 7 日下午 3 点，头天晚上加班到凌晨两点的珠海某电子公司的工人，好不容易盼到 10 分钟的工休时间，工人们都太累了，一名身体染病的女工实在坚持不住，伏在工作台上打起了盹。然而谁也没有想到，韩国女老板顺手操起一块线路板朝这位女工猛砸过去……紧接着大发雷霆，吼叫着各生产线管理人员直身站立举起双手做投降状，然后叫车间工人统统跪下。人群中有一个青年直直地站着，愤怒地望着这个外国妇人。女老板吼叫："你为什么不跪？"青年说："我是不会给你下跪的！"这个中国青年员工的名字叫孙天帅。

面对无所畏惧的孙天帅，女老板已是黔驴技穷，没有一点办法，最后只能气急败坏地大吼："不跪就马上给我滚出去。"孙天帅毫不犹豫，大步流星地走了出去。

在孙天帅看来，尊严比失去工作更重要。也正是他的这种面临强权决不屈服的精神很好地挽回了我们中国人的尊严。一个人的尊严需要其他人的维

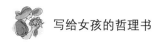
护，但更重要的是你自己的重视，如果你失去了做人的尊严，就如同太阳没有炽热的光芒，人也就失去了它存在的价值和意义。

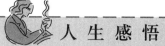
人 生 感 悟

尊严是生命和灵魂的骨架。活着要让别人看得起，更要让自己看得起。

可以输给别人，
但不能输给自己

在生活的艰难跋涉中，我们要坚守一个信念：可以输给别人，但绝不能输给自己。很多时候，面对恶劣的环境，面对天灾人祸，面对尔虞我诈，是我们在心理上先否定了自己，是我们自己选择了放弃，选择了失败。

在某次宴会上，美国著名社会心理学家巴尔肯博士提议，每人使用最简短的话写一篇"自传"，行文用句要短到甚至可以作为死后刻在墓碑上的墓志铭。于是乎大家凝神苦思，伸纸落笔。

一个愁云满面的青年，交给巴尔肯一纸通篇只有3个标点符号的"自传"：一个破折号"——"，一个感叹号"！"和一个句号"。"。巴尔肯问他是什么意思，年轻人苦笑说："一阵横冲直撞，落了个伤心自叹，到头来只好完蛋。"略一沉思，巴尔肯提笔在这篇"自传"的下边有力地画了3个标点符号：一个顿号"、"，一个省略号"……"和一个大问号"？"。

接着，博士用他那特有的鼓励口吻，对这位自暴自弃的青年说："青年时期是人生一小站；道路漫长，希望无边；岂不闻'浪子回头金不换'？"

生活中，打败你的不是外部环境，而是你自己。

一个不输给自己的强者，他是不忘自己的人身权利，在困境中也能选择积极心态的人；他是能正确对待失败，永不放弃的人；他是有傲骨而没有傲气的，看重自己做人的尊严胜过自己生命的人；他是能尊重、宽容、善待朋友，知道怎样对待别人，别人应怎样对待自己的人；他是能驾驭时间，高质量利用时间和能跟时间赛跑的人；他是对财富有正确的理解，君子爱财，取之有道的人；他是理解爱情真谛，拥有强大情感支撑的人。

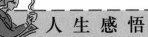

人 生 感 悟

其实人生最大的敌人就是自己。坚定了必胜的信念，不输给自己，命运总有一天会向你低头。

幸福不要指望他人给，
它只掌握在你自己手中

传说，西边有座山，山上生长着一种仙果，吃了可以包除百病，起死回生。

一天，一个瞎子和一个瘸子结伴去寻找那种仙果。他们一直走呀走，途中他们翻山越岭，历经千辛万苦，头发开始斑白。有一天，那瘸子对瞎子说：“天哪！这样下去哪有尽头？我不干了，受不了了。”“老兄，我相信不远了，会找到的，只要心中存有希望，会找到的。”瞎子说。可瘸子执意要待在途中的山寨中，瞎子便一个人上路了。

由于瞎子看不见，不知道该走向何处，他碰到人便问，人们也好心地指引他。他遍体鳞伤，可他心中的希望未曾改变。

终于有一天，他到达了那座山，他全力以赴向上爬，快到山顶的时候，他感觉自己浑身充满了力量，好像年轻了几十岁，他向身旁摸索，便摸到了果子一样的东西，放在嘴里咬一口，天哪！他复明了，什么都看见了，绿绿的树木，花儿鲜艳，小溪清澈，果子长满了山坡，他朝溪水俯身看去，自己竟变成了一个英俊年轻的小伙子！

准备离去的时候，他没有忘记替同行而来的瘸子带上两个仙果，到山寨的时候，他看到瘸子拄着拐棍，变成了一个头发花白的老头。瘸子认不出他了，因为他已是一个年轻的小伙子了。当他们相认后，瘸子吃下那果子，却未起任何变化。他们终于知道，只有靠自己的行动，才能换来成功和幸福。

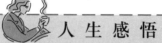

人 生 感 悟

幸福只产生在认为自己必定会找到幸福的人群中。

莫要坐待他人施以援手，
自立才能自强

林肯总统有一个异姓兄弟名叫詹斯顿，他曾经是一个游手好闲、好吃懒做的人，经常写信向林肯借钱，林肯想了很多办法来教育他，下面是林肯写给詹斯顿的一封信：

亲爱的詹斯顿：

我想我现在不能答应你借钱的要求。每次我给你一点帮助，你就对我说，"我们现在可以相处得很好了"。但过不多久我发现你又没钱用了。你之所以这样，是因为你的行为上有缺点。这个缺点是什么，我想你是知道的。你不懒，但你毕竟是一个游手好闲的人。我怀疑自从上次见到你后，你是不是好好地劳动过一整天。你并不完全讨厌劳动，但你不肯多做，这仅仅是因为你觉得从劳动中得不到什么东西。

这种无所事事浪费时间的习惯正是整个困难之所在。这对你是有害的，对你的孩子们也是不利的。你必须改掉这个习惯。以后他们还有更长的生活道路，养成良好习惯对他们更重要。他们从一开始就保持勤劳，这要比他们从懒惰习惯中改正过来容易。

现在，你的生活需要用钱，我的建议是，你应该去劳动，全力以

144

赴地劳动赚取报酬。

让父亲和孩子们照管你家里的事——备种、耕作。你去做事，尽可能地多挣些钱，或者还清你欠的债。为了保证你劳动有一个合理的优厚报酬，我答应从今天起到明年5月1日，你用自己的劳动每挣1元钱或抵消1元钱的债务，我愿另外给你1元。

这样，如果你每月做工挣10元，就可以从我这儿再得到10元，那么你做工一月就净挣20元了。你可以明白，我并不是要你到圣·路易斯市的加利福尼亚的铅矿、金矿去，我是要你就在家乡卡斯镇附近做你能找到的有最优厚待遇的工作。

如果你愿意这样做，不久你就会还清债务，而且你会养成一个不再负债的好习惯，这岂不更好？反之，如果我现在帮你还清了债，你明年又会照旧背上一大笔债。你说你几乎可以为80元钱放弃你在天堂里的位置，那么你把你天堂里位置的价值看得太不值钱了，因为我相信如果你接受我的建议，工作四五个星期就能得到80元。你说如果我把钱借给你，你就把地抵押给我，如果你还不了钱，就把土地的所有权交给我——简直是胡说！如果你现在有土地还活不下去，你没有土地又怎么过活呢？你一直对我很好，我也并不想对你刻薄。相反，如果你接受我的忠告，你会发现它对你，比10个80元还有价值。

你的哥哥

林肯

1848年12月24日

人 生 感 悟

一个人应当学会在社会中自立，不能太依赖别人的帮助。依靠别人的帮助维持生活只能满足你的一时之需，但真正要在社会中生存下去，还是要靠你自己的力量。何况依赖他人是一种心理幼稚与不成熟的标志，勇敢去创造自己的新生活吧，放弃依靠，你会发现你原来可以飞得更高。

培养认真的工作态度

3个建筑工人在砌一堵墙。有个路人问："你们在干什么？"

第一个没好气地说："没看见吗？砌墙。"

第二个人抬头笑了笑，说："我们在盖一幢高楼。"

第三个人边干边哼着歌曲，他的笑容很灿烂："我们正在建设一座美丽的新城市！"

10年后，第一个人在另一个工地上砌墙；第二个人坐在办公室里画图纸，他成了工程师；第三个人呢，是前两个人的老板。

看一个人是否能做好事情，只要看他对待工作的态度。那些看不起自己工作的人，往往是一些被动适应生活的人，他们不愿意奋力崛起，努力创造自己的生活，他们实际上是人生的懦夫。

有时候，普通的工作不一定就低人一等。对于许多选择就业岗位的人们来说，首要的不是先瞄好令人羡慕的岗位，而是一开始就树立正常的就业观念。如果干什么都挑三拣四，或者以为选准一个岗位便可以一劳永逸，那么你就可能永远真正地低人一等。相反，只要你秉持一种积极、热忱的态度，即使在平凡的岗位上，你也照样能出类拔萃。

1998年4月，海尔集团在全公司范围内掀起了向洗衣机本部住宅设施事业部卫浴分厂厂长魏小娥学习的活动，学习她"认真解决每一个问题的精神"。

为了发展海尔整体卫浴设施的生产，1997年8月，33岁的魏小娥被派往日本，学习掌握世界上最先进的整体卫浴生产技术。在学习期间，魏小娥注意到，日本人试模期废品率一般都在30%～60%，设备调试正常后，废品率为2%。

"为什么不把合格率提高到100%？"魏小娥问日本的技术人员。"100%？你觉得可能吗？"日本人反问。从对话中，魏小娥意识到，不是日本人能力不行，而是思想上的桎梏使他们停滞于2%。作为一个海尔人，魏小娥的标准是100%，即"要么不干，要干就做到最好"。她拼命地利用每一分每一秒的学习时间，3个月后，带着先进的技术知识和赶超日本人的信念回到了海尔。

时隔半年，日本模具专家宫川先生来华访问，见到了"徒弟"魏小娥，她此时已是卫浴分厂的厂长。面对着一尘不染的生产现场、操作熟练的员工和100%合格的产品，他惊呆了，反过来向徒弟请教问题。

"有几个问题我曾绞尽脑汁地想办法解决，但最终没有成功。日本卫浴产品的现场过于脏乱，我们一直想做得更好一些，但难度太大了。你们是怎样做到现场清洁的？ 100%的合格率是我们连想都不敢想的，对我们来说，2%的废品率、5%的不良品率已经合乎标准，你们又是怎样提高产品合格率的呢？"

"用心。"魏小娥简单的回答又让宫川先生大吃一惊。用心，看似简单，其实不简单。

在这里有一个关于魏小娥的故事。从中你可以发现她认真执着的工作精神。从日本学习归国之后，魏小娥重点抓卫浴分厂的模具质量工作。无论是工作日还是节假日。魏小娥紧绷的质量之弦从未放松过。在一次试模的前一天，魏小娥在原料中发现了一根头发，这无疑是操作工在工作时无意间落入的。一根头发丝就是废品的定时炸弹，万一混进原料中就会出现废品。魏小娥马上给操作工统一制作了白衣、白帽，并要求大家统一剪短发。又一个可能出现2%废品的原因被消灭在萌芽之中。

2%的责任得到了100%的落实，2%的可能被一一杜绝。终于，100%，这个被日本人认为是"不可能"的产品合格率，魏小娥做到了，不管是在试模期间，还是设备调试正常后。

人 生 感 悟

所谓认真，就是你用生命、用真实的感情、用全部的热情，坚持不懈地去做一件事的态度。毛泽东说过："无论做什么事，怕就怕在'认真'二字。"任何一件事情，无论它有多么的艰难，只要你认真去做，全力以赴去做，就能化难为易。

扫码获取更多资源